第一級 陸上無線 技術士試験

やさしく 学ぶ

法規【改訂3版】

吉村和昭・著

まえがき

光は，太陽や星の光として，人が目から直接感じることができるため，有史以来，さまざまな研究の対象にされ，イギリスのニュートン（I.Newton，1642-1727）をはじめ，多くの学者がかかわってきました．それに対して，電波は人が直接感じることができませんが，電磁気に関するさまざまな現象と議論をまとめたイギリスのマクスウェル（J.C.Maxwell，1831-1879）の理論によって，はじめて人に意識されるようになりました．1888 年，ドイツのヘルツ（H.R.Hertz，1857-1894）によって，電波の存在が実証され，1895 年，イタリアのマルコーニ（G.Marconi，1874-1937）が無線電信の実験に成功し，電波の実用化に第一歩を踏み出しました．1912 年に豪華客船タイタニック号が遭難したときに無線電信が使われています．現在，多くの人が毎日のように電波を利用していますが，まだ 100 年ほどしか経過していません．

電波は 1 秒に 3×10^8〔m〕（30 万 km）進みます．電波は直進し，拡散性があり，通信，放送，無線航法など多くの分野に利用され，人命の安全確保にも大きく貢献しています．

有線通信では混信は発生しませんが，無線通信においては複数の人が同じ周波数を使うと混信が発生するので，自分勝手に周波数を使うことはできません．そのため，国際的，国内的にも約束事が必要になってきます．有線電信の時代に，多くの国々が電信網を整備し，国際間通信が盛んになると，通信料金や通信回線接続などが問題となり，1865 年にフランスのパリで国際会議が開かれ，万国電信条約が締結されました．

一方，無線電信の分野では，船舶と陸上間の通信に利用されてきました．1906 年にドイツのベルリンで国際無線電信会議が開かれ，国際無線電信連合が設立されました．1932 年には，万国電信連合と国際無線電信連合が統合されて国際電気通信連合になりました．

国内的には 1915 年に無線電信法が制定され，その後，1950 年に電波法が制定されています．

第一級陸上無線技術士の法規の試験では，国際電波法規は出題範囲に入っていませんので除外し，電波法及びそれに基づく命令（政令や省令）のうち試験に出題される範囲に限定して解説しています．

法規の試験で出題される電波法，政令，省令などの条文は限られており，重要な条文は繰り返して何度も出題されています．掲載した練習問題は，実際に国家試験で出題された問題を掲載していますので，解けるようになるまで繰り返し学習してください．

今回の改訂３版では，旧版発行以降に改正された法令の対応を行っています．また，最新の出題傾向を精査し，問題の追加や変更を行うだけでなく，出題傾向の追加や解説の充実に努めました．

また，各問題にある★印は出題頻度を表しています．★★★は数期おきに出題されている問題，★★はより長い期に出題される問題です．合格ラインを目指す方はここまでしっかり解けるようにしておきましょう．★は出題頻度が低い問題ですが，出題される可能性は十分にありますので，一通り学習することをお勧めします．

本書が皆様の第一級陸上無線技術士の国家試験受験に役立てば幸いです．

2022 年 4 月

吉村和昭

目　次

1章　電波法の概要

2章　無線局の免許

3章　無線設備

4章　無線従事者

5章　無線局の運用

6章　業務書類等

7章　監督等

1章

電波法の概要

この章から 1問 出題

数年に１度程度の出題で，出題がない場合は２章から５問出題されます

【合格へのワンポイントアドバイス】

電波法の目的と電波法令の構成（法律、政令、省令）を理解したうえで，電波法令で使用する用語の定義を正確に覚えて下さい．本章の範囲で出題されるのは，「電波法の目的」と「６つの用語の定義」だけで、ほぼ同じ問題が繰り返し出題されています．数年に１回程度の出題頻度ですが，電波法の根幹をなす章ですのでしっかり学習しましょう．

1.1 電波法

●電波法の目的は，電波の公平且つ能率的な利用を確保することによって，公共の福祉を増進すること．

1.1.1 電波法の目的

電波法は，1950 年（昭和 25 年）6 月 1 日に施行されました（6 月 1 日は「電波の日」です）．電波は限りある貴重な資源で，許可なく自分勝手に電波を使うと混信や妨害を生じ，円滑な通信ができなくなりますので，約束事が必要になります．この約束事が電波法で，電波法は法律全体の解釈，理念を表しています．細部は政令や省令に記されています．

電波法が施行される前の電波に関する法律は無線電信法でした．無線電信法は「無線電信及び無線電話は政府これを管掌す」とされ，「電波は国家のもの」でした．電波法になって初めて「電波が国民のもの」になりました．

電波法　第 1 条（目的）

この法律は，電波の**公平且つ能率的な利用**を確保することによって，公共の福祉を増進することを目的とする．

1.1.2 電波法令

電波法令は，電波を利用する社会の秩序維持に必要な法令です．電波法令は，**表 1.1** に示すように，国会の議決を経て制定される法律である「電波法」，内閣の議決を経て制定される「政令」，総務大臣により制定される「総務省令（以下，省令という．)」から構成されています．

■表 1.1　電波法令の構成

電波法令	電波法（法律）		国会の議決を経て制定される
	命　令	政　令	内閣の議決を経て制定される
		省令（総務省令）	総務大臣により制定される

電波法は，**表 1.2** に示す内容で構成されています．

■表 1.2 電波法の構成

章	内容
第 1 章	総則（第 1 条～第 3 条）
第 2 章	無線局の免許等（第 4 条～第 27 条の 36）
第 3 章	無線設備（第 28 条～第 38 条の 2）
第 3 章の 2	特定無線設備の技術基準適合証明等（第 38 条の 2 の 2 ～第 38 条の 48）
第 4 章	無線従事者（第 39 条～第 51 条）
第 5 章	運用（第 52 条～第 70 条の 9）
第 6 章	監督（第 71 条～第 82 条）
第 7 章	審査請求及び訴訟（第 83 条～第 99 条）
第 7 章の 2	電波監理審議会（第 99 条の 2 ～第 99 条の 14）
第 8 章	雑則（第 100 条～第 104 条の 5）
第 9 章	罰則（第 105 条～第 116 条）

政令には，**表 1.3** のようなものがあります．

■表 1.3 政 令

政令
電波法施行令
電波法関係手数料令

省令には，**表 1.4** のようなものがあります．「無線局運用規則」のように，～規則と呼ばれるものは省令です．

■表 1.4 省令（総務省令）

省令
電波法施行規則
無線局免許手続規則
無線局（基幹放送局を除く．）の開設の根本的基準
特定無線局の開設の根本的基準
基幹放送局の開設の根本的基準
無線従事者規則
無線局運用規則
無線設備規則
電波の利用状況の調査等に関する省令
無線機器型式検定規則
特定無線設備の技術基準適合証明等に関する規則
測定器等の較正に関する規則
登録検査等事業者等規則
電波法による伝搬障害の防止に関する規則

関連知識 電波に関連する法律

その他，電波の利用に関する法令に，「放送法」，「電気通信事業法」，「船舶安全法」，「航空法」などがあります．

1.2 用語の定義

●「電波」は，300 万〔MHz〕以下の周波数の電磁波である．

電波法及び電波法に基づく命令の規定の解釈に関しては，電波法第 2 条に規定されています．

電波法　第 2 条（定義）

(1)「電波」とは，**300 万〔MHz〕**以下の周波数の電磁波をいう．

300 万〔MHz〕は，3×10^{12}〔Hz〕である．電波の波長を λ〔m〕とすると，電波の速度は 3×10^{8}〔m/s〕なので，$\lambda = 3 \times 10^{8}/3 \times 10^{12} = 10^{-4}$〔m〕となる．すなわち，波長が 0.1〔mm〕以上の電磁波が「電波」ということになる．下限の周波数は決まっていない．電波以外の電磁波には，赤外線，可視光線，紫外線，X 線，ガンマ線などがある．

(2)「無線電信」とは，電波を利用して，符号を送り，又は受けるための通信設備をいう．

(3)「無線電話」とは，電波を利用して，**音声その他の音響**を送り，又は受けるための通信設備をいう．

(4)「無線設備」とは，無線電信，無線電話その他電波を送り，又は受けるための電気的設備をいう．

(5)「無線局」とは，無線設備及び**無線設備の操作を行う者**の総体をいう．但し，受信のみを目的とするものを含まない．

「無線局」は，物的要素である「無線設備」と，人的要素である「無線設備の操作を行う者」の総体をいう.「無線設備」というハードウェアがあっても，操作を行う人がいないと「無線局」にはならない．

(6)「無線従事者」とは，無線設備の操作又はその監督を行う者であって，総務大臣の免許を受けたものをいう．

問題 1 ★ ➡1.2

次の記述は，電波法の目的及び定義について，電波法（第1条及び第2条）の規定に沿って述べたものである．［　　］内に入れるべき字句の正しい組合せを，下の1から4までのうちから一つ選べ．

① この法律は，電波の［ A ］を確保することによって，公共の福祉を増進することを目的とする．

② この法律及びこの法律に基づく命令の規定の解釈に関しては，次の定義に従うものとする．

(1)「電波」とは，［ B ］以下の周波数の電磁波をいう．

(2)「無線電信」とは，電波を利用して，符号を送り，又は受けるための通信設備をいう．

(3)「無線電話」とは，電波を利用して，［ C ］を送り，又は受けるための通信設備をいう．

(4)「無線設備」とは，無線電信，無線電話その他電波を送り，又は受けるための電気的設備をいう．

(5)「無線局」とは，無線設備及び［ D ］の総体をいう．但し，受信のみを目的とするものを含まない．

(6)「無線従事者」とは，無線設備の操作又はその監督を行う者であって，総務大臣の免許を受けたものをいう．

	A	B	C	D
1	合理的な利用	300万〔MHz〕	音声	無線設備を所有する者
2	合理的な利用	500万〔MHz〕	音声その他の音響	無線設備の操作を行う者
3	公平且つ能率的な利用	500万〔MHz〕	音声	無線設備を所有する者
4	公平且つ能率的な利用	300万〔MHz〕	音声その他の音響	無線設備の操作を行う者

答え▶▶▶4

問題 2 ★ ➡1.2

電波法に規定する定義に関する次の記述のうち，電波法（第２条）の規定に照らし，この規定に定めるところに適合するものを１，適合しないものを２として解答せよ．

ア 「電波」とは，300万〔GHz〕以下の周波数の電磁波をいう．

イ 「無線電信」とは，電波を利用して，符号を送り，又は受けるための通信設備をいう．

ウ 「無線電話」とは，電波を利用して，音声その他の音響を送り，又は受けるための通信設備をいう．

エ 「無線局」とは，無線設備及び無線設備を管理する者の総体をいう．

オ 「無線従事者」とは，無線設備の操作又はその監督を行う者であって，総務大臣の免許を受けたものをいう．

解説 誤っている選択肢は以下のようになります．

ア 「**300万〔GHz〕**以下」ではなく，正しくは「**300万〔MHz〕**以下」です．

エ 「無線設備及び無線設備を管理する者の総体」ではなく，正しくは「無線設備及び無線設備の操作を行う者の総体**（ただし，受信のみを目的とするものを含まない）**」です．

符号＝モールス符号ではないので注意．電波法第２条には「モールス符号」は出てこない．無線局運用規則第２条第１項（7）で，「モールス無線電信とは，電波を利用して，モールス符号を送り，又は受けるための通信設備をいう．」と規定されている．

答え▶▶▶ア－２，イ－１，ウ－１，エ－２，オ－１

1.3 電波法の条文の構成

条文は，**表 1.5** のように，「条」，「項」，「号」で構成されています．

■表 1.5　条文の構成

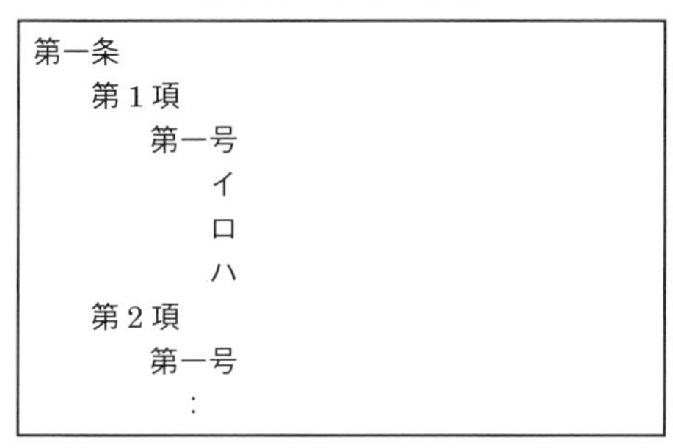

第一条
　第 1 項
　　第一号
　　　イ
　　　ロ
　　　ハ
　第 2 項
　　第一号
　　　：

注）本書では，「条」の漢数字をアラビア数字（例：第 14 条），「項」をアラビア数字（例：2），「号」の漢数字を括弧付きのアラビア数字（例：(1)）で表すことにします．

例として電波法第 14 条の一部を示します．

電波法　第 14 条（免許状）

総務大臣は，免許を与えたときは，免許状を交付する．←（第 1 項の数字は省略）

2　免許状には，次に掲げる事項を記載しなければならない．　←（第 2 項）

(1) 免許の年月日及び免許の番号

(2) 免許人（無線局の免許を受けた者をいう．以下同じ．）の氏名又は名称及び住所

(3) 無線局の種別

(4) 無線局の目的（主たる目的及び従たる目的を有する無線局にあっては，その主従の区別を含む．）

(5)～(11) は省略

3　基幹放送局の免許状には，前項の規定にかかわらず，次に掲げる事項を記載しなければならない．　←（第 3 項）

(1) 前項各号（基幹放送のみをする無線局の免許状にあっては，(5) を除く．）に掲げる事項

以下略

例えば，電波法第 14 条の「無線局の種別」は，電波法第 14 条第 2 項 (3) と表記します．

＊ 一陸技の試験では，条文の出所は直接必要ありませんが，インターネットで電波法などの法令を検索できるので，参考として掲載しています．

Column 電波法を読む場合の注意

1 「又は」と「若しくは」:「又は」が最上位階層，「若しくは」は次の階層に使用します．

（例） A，B，C 又は D ⇒ A or B or C or D

A，B 若しくは C 又は D ⇒ （A or B or C）or D

2 「及び」と「並びに」:「及び」は最下位階層，「並びに」は次の階層以上に使用します．

（例） A，B，C 及び D ⇒ A，B，C and D

A，B 及び C 並びに D ⇒ （A，B and C）and D

3 「直ちに」，「速やかに」，「遅滞なく」のスピードの違い：直ちに>速やかに>遅滞なく

4 準用：ある事項に関する規定を，他の事項に修正を加えてあてはめること．

2章

無線局の免許

この章から 4問 出題

1章からの出題がないときは本章から5問出題されます

【合格へのワンポイントアドバイス】

無線局を開設するには，出力が微弱な無線局などを除いて総務大臣の免許が必要です．無線従事者免許は試験に合格すれば誰でも免許を得ることができますが，無線局の免許は欠格事由があり，誰にでも免許されるとは限りません．本章で無線局の免許を受けるための手順をしっかり学習しましょう．「免許の有効期間」，「免許内容の変更及び検査」，「無線局を廃止する場合の手続き」，「廃止後の措置」，「免許状の返納」，「無線局に関する情報の公表」などが度々出題されています．

2.1 無線局の開設と免許

● 無線局を開設しようとする者は，総務大臣の免許を受けなければならない.

無線局は自分勝手に開設することはできません．無線局を開設しようとする者は総務大臣の免許を受けなければなりません．免許がないのに無線局を開設したり，又は運用した者は，1年以下の懲役又は100万円以下の罰金に処せられます．ただし，発射する電波が著しく微弱な場合など，一定の範囲の無線局においては免許を受けなくてもよい場合もあります．

無線設備やアンテナを設置し，容易に電波を発射できる状態にある場合は無線局を開設したとみなされるので注意.

電波法　第4条（無線局の開設）

無線局を開設しようとする者は，総務大臣の免許を受けなければならない．ただし，次の（1）～（4）に掲げる無線局については，この限りでない．

（1）**発射する電波が著しく微弱な無線局**で総務省令（*1）で定めるもの

（2）26.9〔MHz〕から27.2〔MHz〕までの周波数の電波を使用し，かつ，空中線電力が0.5〔W〕以下である無線局のうち総務省令（*2）で定めるものであって，適合表示無線設備のみを使用するもの

（2）は市民ラジオの無線局が該当する.

〔*1　電波法施行規則第6条（免許を要しない無線局）第1項〕

〔*2　電波法施行規則第6条第3項〕

（3）空中線電力が**1〔W〕**以下である無線局のうち総務省令（*3）で定めるものであって，指定された呼出符号又は呼出名称を自動的に送信し，又は受信する機能その他総務省令（*4）で定める機能を有することにより他の無線局にその運用を阻害するような混信その他の妨害を与えないように運用することができるもので，かつ，**適合表示無線設備**（電波法で定める技術基準に適合していることを証する表示が付された無線設備）のみを使用するもの

〔*3　電波法施行規則第6条第4項〕

〔*4　電波法施行規則第6条の2，無線設備規則第9条の4〕

（3）はコードレス電話の無線局，特定小電力無線局，小電力セキュリティシステムの無線局，小電力データシステムの無線局，デジタルコードレス電話の無線局，PHS の陸上移動局などが該当する．

（4）登録局（総務大臣の登録 (*5) を受けて開設する無線局）

〔＊5　電波法第 27 条の 18 第 1 項〕

関連知識　適合表示無線設備

適合表示無線設備とは，電波法で定める技術基準に適合していることを証する表示が付された無線設備のことです．

電波法第 4 条（1）の発射する電波が著しく微弱な無線局は次のとおりです．

電波法施行規則　第 6 条（免許を要しない無線局）第 1 項

（1）当該無線局の無線設備から 3〔m〕の距離において，その電界強度が，次の**表 2.1** の区分に示す値

■表 2.1　発射する電波が著しく微弱な無線局

周波数帯	電界強度
322〔MHz〕以下	500〔μV/m〕以下
322〔MHz〕を超え 10〔GHz〕以下	35〔μV/m〕以下
10〔GHz〕を超え 150〔GHz〕以下	次式で求められる値（500〔μV/m〕を超える場合は，500〔μV/m〕） 3.5f〔μV/m〕以下．f は，GHz を単位とする周波数とする．
150〔GHz〕を超えるもの	500〔μV/m〕以下

（2）当該無線局の無線設備から 500〔m〕の距離において，その電界強度が 200〔μV/m〕以下のものであって，総務大臣が用途並びに電波の型式及び周波数を定めて告示するもの

（3）標準電界発生器，ヘテロダイン周波数計その他の測定用小型発振器

電波法　第 4 条の 2（呼出符号又は呼出名称の指定）

総務大臣は，電波法第 4 条第 1 項（3）又は（4）に掲げる無線局に使用するための無線設備について，当該無線設備を使用する無線局の呼出符号又は呼出名称の指定を受けようとする者から申請があったときは，総務省令で定めるところにより，呼出符号又は呼出名称の指定を行う．

問題 1 ★★★ ➡2.1

次の記述は，無線局の開設について述べたものである．電波法（第4条）の規定に照らし，[　　]内に入れるべき最も適切な字句の組合せを下の1から4までのうちから一つ選べ．なお，同じ記号の[　　]内には，同じ字句が入るものとする．

無線局を開設しようとする者は，総務大臣の免許を受けなければならない．ただし，次の（1）から（4）までに掲げる無線局については，この限りでない．

（1）[A]で総務省令で定めるもの

（2）26.9〔MHz〕から27.2〔MHz〕までの周波数の電波を使用し，かつ，空中線電力が0.5〔W〕以下である無線局のうち総務省令で定めるものであって，[B]のみを使用するもの

（3）空中線電力が[C]である無線局のうち総務省令で定めるものであって，電波法第4条の3（呼出符号又は呼出名称の指定）の規定により指定された呼出符号又は呼出名称を自動的に送信し，又は受信する機能その他総務省令で定める機能を有することにより他の無線局にその運用を阻害するような混信その他の妨害を与えないように運用することができるもので，かつ，[B]のみを使用するもの

（4）電波法第27条の18（登録）第1項の登録を受けて開設する無線局

	A	B	C
1	発射する電波が著しく微弱な無線局	適合表示無線設備	1〔W〕以下
2	小規模な無線局	適合表示無線設備	0.1〔W〕以下
3	小規模な無線局	その型式について総務大臣の行う検定に合格した無線設備の機器	1〔W〕以下
4	発射する電波が著しく微弱な無線局	その型式について総務大臣の行う検定に合格した無線設備の機器	0.1〔W〕以下

答え▶▶▶ 1

出題傾向 下線の部分を穴埋めにした問題も出題されています．

2.2 無線局の免許の欠格事由

● 無線局の免許の欠格事由には，絶対的欠格事由（外国性の排除）と相対的欠格事由（反社会性の排除）がある．

2.2.1 絶対的欠格事由（外国性の排除）

電波法　第5条（欠格事由）第1項

次の（1）～（4）のいずれかに該当する者には，無線局の免許を与えない．

（1）日本の国籍を有しない人

（2）外国政府又はその代表者

（3）外国の法人又は団体

（4）法人又は団体であって，（1）から（3）に掲げる者がその代表者であるもの又はこれらの者がその役員の3分の1以上若しくは議決権の3分の1以上を占めるもの

2.2.2 絶対的欠格事由の例外

電波法　第5条（欠格事由）第2項

電波法第5条第1項の規定は，次に掲げる無線局については，適用しない．

（1）実験等無線局

（2）アマチュア無線局（個人的な興味によって無線通信を行うために開設する無線局をいう．）

（3）船舶の無線局（船舶安全法第29条ノ7（非日本船舶への準用）に規定する船舶に開設するもの）

（4）航空機の無線局（航空機に開設する無線局のうち，航空法第127条ただし書の許可を受けて本邦内の各地間の航空の用に供される航空機に開設するもの）

（5）特定の固定地点間の無線通信を行う無線局（実験等無線局，アマチュア無線局，大使館，公使館又は領事館の公用に供するもの及び電気通信業務を行うことを目的とするものを除く．）

（6）大使館，公使館又は領事館の公用に供する無線局（特定の固定地点間の無線通信を行うものに限る．）であって，その国内において日本国政府又はその代表者が同種の無線局を開設することを認める国の政府又はその代表者の開設するもの

(7) 自動車その他の陸上を移動するものに開設し，若しくは携帯して使用するために開設する無線局又はこれらの無線局若しくは携帯して使用するための受信設備と通信を行うために陸上に開設する移動しない無線局（電気通信業務を行うことを目的とするものを除く.）
(8) 電気通信業務を行うことを目的として開設する無線局
(9) 電気通信業務を行うことを目的とする無線局の無線設備を搭載する人工衛星の位置，姿勢等を制御することを目的として陸上に開設する無線局

2.2.3 相対的欠格事由

電波法 第5条（欠格事由）第3項

次の (1)～(4) のいずれかに該当する者には，無線局の免許を与えないことができる.

(1) 電波法又は放送法に規定する罪を犯し罰金以上の刑に処せられ，その執行を終わり，又はその執行を受けることがなくなった日から2年を経過しない者
(2) **無線局の免許の取消しを受け，その取消しの日から2年を経過しない者**
(3) 電波法第27条の16第1項（第1号を除く.）又は第6項（第4号及び第5号を除く.）の規定により認定の取消しを受け，その取消しの日から2年を経過しない者
(4) 無線局の登録の取消しを受け，その取消しの日から2年を経過しない者

無線局の免許の欠格事由には，絶対的欠格事由（外国性の排除）と相対的欠格事由（反社会性の排除）がある.

2.2.4 基幹放送をする無線局の欠格事由

基幹放送をする無線局（受信障害対策中継放送，衛星基幹放送及び移動受信用地上基幹放送をする無線局を除く.）の欠格事由は，他の無線局より厳しくなっており，次のいずれかに該当する者には，無線局の免許を与えられません.

電波法　第5条（欠格事由）第4項

(1) 電波法第5条第1項の（1）から（3）まで若しくは電波法第5条第3項の（1）から（4）に掲げる者又は放送法第103条第1項若しくは第104条（(5)を除く.）の規定による認定の取消し若しくは同法第131条の規定により登録の取消しを受け，その取消しの日から2年を経過しない者
(2) 法人又は団体であって，電波法第5条第1項の（1）から（3）までに掲げる者が業務を執行する役員であるもの又はこれらの者がその議決権の5分の1以上を占めるもの
(3) 法人又は団体であって，イに掲げる者により直接に占められる議決権の割合とこれらの者によりロに掲げる者を通じて間接に占められる議決権の割合として総務省令で定める割合とを合計した割合がその議決権の5分の1以上を占めるもの（前号に該当する場合を除く.）
　イ　電波法第5条第1項の（1）から（3）までに掲げる者
　ロ　イに掲げる者により直接に占められる議決権の割合が総務省令で定める割合以上である法人又は団体
(4) 法人又は団体であって，その役員が電波法第5条第3項の（1）から（4）のいずれかに該当する者であるもの

受信障害対策中継放送とは，相当範囲にわたる受信の障害が発生している地上基幹放送及び当該地上基幹放送の電波に重畳して行う多重放送を受信し，そのすべての放送番組に変更を加えないで当該受信の障害が発生している区域において受信されることを目的として，同時にその再放送をする基幹放送のうち，当該障害に係る地上基幹放送又は当該地上基幹放送の電波に重畳して行う多重放送をする無線局の免許を受けた者が行うもの以外のものをいう．　**（電波法第5条第5項）**

問題 2 ★★ ➡2.2.2

日本の国籍を有しない人又は外国の法人若しくは団体に与えられる無線局の免許に関する次の事項のうち，電波法（第5条）の規定に照らし，無線局の免許が与えられるものに該当するものを1，該当しないものを2として解答せよ．

ア　自動車その他の陸上を移動するものに開設し，若しくは携帯して使用するために開設する無線局又はこれらの無線局若しくは携帯して使用するための受信設備と通信を行うために陸上に開設する移動しない無線局（電気通信業務を行うことを目的とするものを除く．）

イ　実験等無線局

ウ　海岸局（電気通信業務を行うことを目的として開設するものを除く．）

エ　電気通信業務を行うことを目的として開設する無線局

オ　基幹放送をする無線局（受信障害対策中継放送，衛星基幹放送及び移動受信用地上基幹放送をする無線局を除く．）

解説　「海岸局（**ウ**）」と「基幹放送をする無線局（**オ**）」は電波法第5条第2項の例外に規定されていません．

答え▶▶▶ア－1，イ－1，ウ－2，エ－1，オ－2

問題 3 ★★ ➡2.2.2

無線局の免許の欠格事由に関する次の事項のうち，電波法（第5条第3項）の規定に照らし，総務大臣が無線局の免許を与えないことができる者に該当するものはどれか．下の1から4までのうちから一つ選べ．

1　無線局を廃止し，その廃止の日から2年を経過しない者

2　無線局の免許の取消しを受け，その取消しの日から2年を経過しない者

3　電波法第11条の規定により免許を拒否され，その拒否の日から2年を経過しない者

4　無線局の免許の有効期間満了により免許が効力を失い，その効力を失った日から2年を経過しない者

答え▶▶▶2

2.3 無線局の免許の申請

● 無線局の免許を受けようとする場合，申請書に，所定の事項を記載した書類を添えて，総務大臣に提出する．

無線局の免許申請はいつでも行うことができますが，電気通信業務を行うことを目的として陸上に開設する移動する無線局や基幹放送局などの無線局は，申請期間を定めて公募することになっています．

2.3.1 一般の無線局の免許の申請

電波法 第6条（免許の申請）第1項

無線局の免許を受けようとする者は，申請書に，次に掲げる事項を記載した書類を添えて，総務大臣に提出しなければならない．

(1) **目的**（2以上の目的を有する無線局であって，その目的に主たるものと従たるものの区別がある場合にあっては，その主従の区別を含む．）
(2) 開設を必要とする理由
(3) 通信の相手方及び通信事項
(4) 無線設備の設置場所（移動する無線局のうち，人工衛星の無線局についてはその人工衛星の軌道又は位置，人工衛星局，船舶の無線局，船舶地球局，航空機の無線局及び航空機地球局以外のものについては移動範囲）
(5) 電波の型式並びに**希望する周波数の範囲及び空中線電力**
(6) 希望する運用許容時間（運用することができる時間をいう．）
(7) 無線設備の工事設計及び**工事落成の予定期日**
(8) 運用開始の予定期日
(9) 他の無線局の免許人又は登録人（以下「免許人等」という．）との間で混信その他の妨害を防止するために必要な措置に関する契約を締結しているときは，その契約の内容

2.3.2 基幹放送局の免許の申請

電波法 第6条（免許の申請）第2項

基幹放送局の免許を受けようとする者は，申請書に，次に掲げる事項を記載した書類を添えて，総務大臣に提出しなければならない．

(1) 目的
(2) 電波法第6条第1項の (2) から (9) まで（基幹放送のみをする無線局にあっては，(3) を除く.）に掲げる事項
(3) 無線設備の工事費及び無線局の運用費の支弁方法
(4) 事業計画及び事業収支見積
(5) 放送区域
(6) 基幹放送の業務に用いられる電気通信設備の概要

2.3.3 人工衛星局の免許を受けようとする者が必要とする記載事項

電波法 第6条（免許の申請）第7項

人工衛星局の免許を受けようとする者は，電波法第6条第1項又は第2項の書類に，これらの規定に掲げる事項のほか，その人工衛星の打上げ予定時期及び使用可能期間並びに**その人工衛星局の目的を遂行できる人工衛星の位置の範囲**を併せて記載しなければならない.

2.3.4 総務大臣が公示する期間内に申請しなければならない無線局

電波法 第6条（免許の申請）第8項

次に掲げる無線局（総務省令で定めるものを除く.）であって総務大臣が公示する**周波数を使用するもの**の免許の申請は，総務大臣が公示する期間内に行わなければならない.

(1) **電気通信業務**を行うことを目的として陸上に開設する移動する無線局（1又は2以上の都道府県の区域の全部を含む区域をその移動範囲とするものに限る.）
(2) **電気通信業務**を行うことを目的として陸上に開設する移動しない無線局であって，(1) に掲げる無線局を通信の相手方とするもの
(3) **電気通信業務**を行うことを目的として開設する人工衛星局
(4) **基幹放送局**

2.3.5 総務大臣が公示する期間

電波法 第6条（免許の申請）第9項

総務大臣が公示する期間は，1月を下らない範囲内で周波数ごとに定める期間とし，期間の公示は，免許を受ける無線局の無線設備の設置場所とすることができる区域の範囲その他免許の申請に資する事項を併せ行うものとする．

問題 4 ★★ ➡2.3.1 ➡2.3.3

次の記述は，無線局（基幹放送局を除く.）の免許の申請について述べたものである．電波法（第6条）の規定に照らし，［　　］内に入れるべき最も適切な字句の組合せを下の1から4までのうちから一つ選べ.

① 無線局の免許を受けようとする者は，申請書に，次の（1）から（9）までに掲げる事項を記載した書類を添えて，総務大臣に提出しなければならない.

（1）目的
（2）開設を必要とする理由
（3）通信の相手方及び通信事項
（4）無線設備の設置場所
（5）電波の型式並びに［ A ］
（6）希望する運用許容時間
（7）無線設備の工事設計及び［ B ］
（8）運用開始の予定期日
（9）他の無線局の免許人又は登録人との間で混信その他の妨害を防止するために必要な措置に関する契約を締結しているときは，その契約の内容

② 人工衛星局の免許を受けようとする者は，①の書類にその規定に掲げる事項のほか，その人工衛星の打上げ予定時期及び使用可能期間並びに［ C ］を併せて記載しなければならない.

	A	B	C
1	周波数及び実効輻射電力	工事落成の予定期日	その人工衛星局を開設する人工衛星の軌道又は位置
2	希望する周波数の範囲及び空中線電力	工事落成の予定期日	その人工衛星局の目的を遂行できる人工衛星の位置の範囲
3	周波数及び実効輻射電力	工事着手の予定期日	その人工衛星局の目的を遂行できる人工衛星の位置の範囲
4	希望する周波数の範囲及び空中線電力	工事着手の予定期日	その人工衛星局を開設する人工衛星の軌道又は位置

答え▶▶▶ 2

問題 5 ★★ ➡2.3.4

　次の記述は，無線局の免許の申請について述べたものである．電波法（第6条）の規定に照らし，[　　]内に入れるべき最も適切な字句の組合せを下の1から4までのうちから一つ選べ．なお，同じ記号の[　　]内には，同じ字句が入るものとする．

① 次に掲げる無線局（総務省令で定めるものを除く．）であって総務大臣が公示する[A]の免許の申請は，総務大臣が公示する期間内に行わなければならない．

　(1) [B]を行うことを目的として陸上に開設する移動する無線局（1又は2以上の都道府県の区域の全部を含む区域をその移動範囲とするものに限る．）

　(2) [B]を行うことを目的として陸上に開設する移動しない無線局であって，(1) に掲げる無線局を通信の相手方とするもの

　(3) [B]を行うことを目的として開設する人工衛星局

　(4) [C]

② ①の期間は，1月を下らない範囲内で周波数ごとに定める期間とし，①の規定による期間の公示は，免許を受ける無線局の無線設備の設置場所とすることができる区域の範囲その他免許の申請に資する事項を併せ行うものとする．

	A	B	C
1	地域に開設するもの	電気通信業務	重要無線通信を行う無線局
2	周波数を使用するもの	電気通信業務又は公共業務	重要無線通信を行う無線局
3	周波数を使用するもの	電気通信業務	基幹放送局
4	地域に開設するもの	電気通信業務又は公共業務	基幹放送局

答え▶▶▶3

下線の部分は，ほかの試験問題で穴埋めの字句として出題されています．

2.4 申請の審査

●総務大臣は，無線局の免許の申請書を受理したときは，遅滞なくその申請が電波法第 7 条に規定されている事項に適合しているかどうかを審査しなければならない．

2.4.1 一般の無線局の場合

電波法 第 7 条（申請の審査）第 1 項

総務大臣は，電波法第 6 条第 1 項の申請書を受理したときは，遅滞なくその申請が次の各号のいずれにも適合しているかどうかを審査しなければならない．

(1) **工事設計が電波法第 3 章（無線設備）に定める技術基準に適合すること**

(2) **周波数の割当てが可能であること**

(3) 主たる目的及び従たる目的を有する無線局にあっては，その従たる目的の遂行がその主たる目的の遂行に支障を及ぼすおそれがないこと

(4) **総務省令で定める無線局（基幹放送局を除く.）の開設の根本的基準に合致すること**

2.4.2 基幹放送局の場合

電波法 第 7 条（申請の審査）第 2 項～第 6 項

2　総務大臣は，電波法第 6 条第 2 項（基幹放送局の免許の申請）の申請書を受理したときは，遅滞なくその申請が次の各号のいずれにも適合しているかどうかを審査しなければならない．

(1) 工事設計が電波法第 3 章に定める技術基準に適合すること及び基幹放送の業務に用いられる電気通信設備が放送法第 121 条第 1 項 の総務省令で定める技術基準に適合すること

(2) 総務大臣が定める基幹放送用周波数使用計画に基づき，周波数の割当てが可能であること

(3) 当該業務を維持するに足りる経理的基礎及び技術的能力があること

(4) 特定地上基幹放送局にあっては，次のいずれにも適合すること

イ　基幹放送の業務に用いられる電気通信設備が放送法第 111 条第 1 項の総務省令で定める技術基準に適合すること

ロ　免許を受けようとする者が放送法第 93 条第 1 項（4）に掲げる要件に該当すること

ハ　その免許を与えることが放送法第91条第1項の基幹放送普及計画に適合することその他放送の普及及び健全な発達のために適切であること

(5) 地上基幹放送の業務を行うことについて放送法第93条第1項の規定により認定を受けようとする者の当該業務に用いられる無線局にあっては，当該認定を受けようとする者が同項各号に掲げる要件のいずれにも該当すること

(6) 基幹放送に加えて基幹放送以外の無線通信の送信をする無線局にあっては，次のいずれにも適合すること

イ　基幹放送以外の無線通信の送信について，周波数の割当てが可能であること

ロ　基幹放送以外の無線通信の送信について，電波法第7条第1項（4）の総務省令で定める無線局（基幹放送局を除く.）の開設根本的基準に合致すること

ハ　基幹放送以外の無線通信の送信をすることが適正かつ確実に基幹放送をすることに支障を及ぼすおそれがないものとして総務省令(*)で定める基準に合致すること.　〔*電波法施行規則第6条の4の2〕

(7)（1）から（6）に掲げるもののほか，総務省令で定める基幹放送局の開設根本的基準に合致すること

3　基幹放送用周波数使用計画は，放送法第91条第1項の基幹放送普及計画に定める同条第2項（3）の放送系の数の目標（次項において「放送系の数の目標」という.）の達成に資することとなるように，基幹放送用割当可能周波数の範囲内で，混信の防止その他電波の公平かつ能率的な利用を確保するために必要な事項を勘案して定めるものとする.

4　総務大臣は，放送系の数の目標，基幹放送用割当可能周波数及び前項に規定する混信の防止その他電波の公平かつ能率的な利用を確保するために必要な事項の変更により必要があると認めるときは，基幹放送用周波数使用計画を変更することができる.

5　総務大臣は，基幹放送用周波数使用計画を定め，又は変更したときは，遅滞なく，これを公示しなければならない.

6　総務大臣は，申請の審査に際し，必要があると認めるときは，申請者に出頭又は資料の提出を求めることができる.

問題 6 ★ ➡2.4.1

無線局の免許の審査に関する次の記述のうち，電波法（第7条）の規定に照らし，総務大臣が固定業務の無線局及び陸上移動業務の無線局の免許の申請を受理し，その審査をする際に，審査する事項に該当するものに1，これに該当しないものを2として解答せよ．

ア　周波数の割当てが可能であること．

イ　工事設計が電波法第3章（無線設備）に定める技術基準に適合すること．

ウ　総務省令で定める無線局（基幹放送局を除く．）の開設の根本的基準に合致すること．

エ　その無線局の業務を維持するに足りる財政的基礎があること．

オ　その無線局を運用するに足りる技術的能力があること．

解説 エ，オは基幹放送局の場合に該当します（電波法第7条第2項（3）参照）．

答え▶▶▶ア－1，イ－1，ウ－1，エ－2，オ－2

2.5 予備免許

● 総務大臣は，無線局の免許の申請書を審査した結果，審査事項のすべてに適合しているときは，予備免許を与える．

2.5.1 予備免許の付与

電波法 第8条（予備免許）第1項

総務大臣は，電波法第7条の規定により審査した結果，その申請が同条の規定に適合していると認めるときは，申請者に対し，次に掲げる事項を指定して無線局の予備免許を与える．

(1) **工事落成の期限**

(2) 電波の型式及び周波数

(3) 呼出符号（標識符号を含む．），呼出名称その他の総務省令(*)で定める識別信号〔＊電波法施行規則第6条の5〕

(4) 空中線電力

(5) 運用許容時間

電波法 第8条（予備免許）第2項

総務大臣は，予備免許を受けた者から申請があった場合において，相当と認めるときは，**工事落成の期限**を延長することができる．

予備免許は正式に免許されるまでの一段階にすぎない．予備免許が付与されても，まだ正式に免許された無線局ではないので，「試験電波の発射」を行う場合を除いて電波の発射は禁止されている．

2.5.2 予備免許の工事設計等の変更

予備免許を受けた後，無線設備等の工事をして予備免許の内容を実現するわけですが，工事の途中で設計の変更が生じる場合があります．その場合，総務大臣の許可を受けて計画の変更ができます．

電波法 第9条（工事設計等の変更）

電波法第8条の予備免許を受けた者は，**工事設計**を変更しようとするときは，あらかじめ**総務大臣の許可を受けなければならない**．但し，総務省令(*)で定める軽微な事項については，この限りでない．〔*電波法施行規則第10条〕

2　前項ただし書の事項について工事設計を変更したときは，遅滞なくその旨を総務大臣に届け出なければならない．

3　工事設計の変更は，周波数，電波の型式又は空中線電力に変更を来すものであってはならず，かつ，電波法第7条第1項（1）又は第2項（1）の**技術基準**（電波法第3章に定めるものに限る．）に合致するものでなければならない．

4　予備免許を受けた者は，無線局の目的，通信の相手方，通信事項，放送事項，放送区域，無線設備の設置場所又は基幹放送の業務に用いられる電気通信設備を変更しようとするときは，あらかじめ**総務大臣の許可を受けなければならない**．ただし，次に掲げる事項を内容とする無線局の目的の変更は，これを行うことができない．

（1）基幹放送局以外の無線局が基幹放送をすることとすること

（2）基幹放送局が基幹放送をしないこととすること

5　前項本文の規定にかかわらず，基幹放送の業務に用いられる電気通信設備の変更が総務省令で定める軽微な変更に該当するときは，その変更をした後遅滞なく，その旨を総務大臣に届け出ることをもって足りる．

6　電波法第5条第1項から第3項までの規定は，無線局の目的の変更に係る第4項の許可に準用する．

2.5.3 工事落成及び落成後の検査

予備免許を受けた者は，工事が落成したときは，その旨を総務大臣に届け出て（落成届），その無線設備等について検査を受けなければなりません．

この検査を新設検査という．

電波法　第10条（落成後の検査）

電波法第8条の予備免許を受けた者は，**工事が落成したとき**は，その旨を総務大臣に届け出て，その**無線設備**，無線従事者の資格（電波法第39条第3項に規定する主任無線従事者の要件，電波法第48条の2第1項の船舶局無線従事者証明及び電波法第50条第1項に規定する遭難通信責任者の要件に係るものを含む．電波法第12条及び電波法第73条第3項において同じ．）及び**員数**並びに時計及び書類（以下「無線設備等」という．）について検査を受けなければならない．

電波法第12条：免許の付与
電波法第73条第3項：検査

2　前項の検査は，同項の検査を受けようとする者が，当該検査を受けようとする無線設備等について電波法第24条の2第1項又は電波法第24条の13第1項の登録を受けた者が総務省令で定めるところにより行った当該登録に係る点検の結果を記載した書類を添えて前項の届出をした場合においては，**その一部**を省略することができる．

電波法第24条の2第1項：検査等事業者の登録
電波法第24条の13第1項：外国点検事業者の登録等

2.5.4 免許の拒否

免許の拒否があると，無線局の免許申請そのものがなかったのと同じことになります．

電波法　第11条（免許の拒否）

工事落成の期限（電波法第8条第2項の規定による期限の延長があったときは，その期限）経過後**2週間**以内に工事落成届が提出されないときは，総務大臣は，その無線局の免許を拒否しなければならない．

免許申請を審査した結果，予備免許の付与に適合していないと認めるときは，予備免許は付与されませんが，落成後の検査（新設検査）に不合格になった場合も免許を拒否されます．

問題 7 ★★ ➡2.5.1 ➡2.5.2

次の記述は，無線局の予備免許について述べたものである．電波法（第８条）の規定に照らし，［　　］内に入れるべき最も適切な字句の組合せを，下の１から４までのうちから一つ選べ．なお，同じ記号の［　　］内には，同じ字句が入るものとする．

① 総務大臣は，電波法第７条（申請の審査）の規定により審査した結果，その申請が同条の規定に適合していると認めるときは，申請者に対し，次に掲げる事項を指定して，無線局の予備免許を与える．

(1) ［ A ］
(2) 電波の型式及び周波数
(3) 識別信号
(4) ［ B ］
(5) ［ C ］

② 総務大臣は，予備免許を受けた者から申請があった場合において，相当と認めるときは，①の［ A ］を延長することができる．

	A	B	C
1	工事落成の期限	実効輻射電力	運用義務時間
2	工事落成の期限	空中線電力	運用許容時間
3	工事着手の期限	空中線電力	運用義務時間
4	工事着手の期限	実効輻射電力	運用許容時間

解説 「識別信号」，「電波の型式及び周波数」，「空中線電力」，「運用許容時間」を指定事項といいます．「実効輻射電力」は指定事項ではありません．

「識別信号」には次のようなものがある．
- 呼出符号（標識符号を含む）
- 呼出名称
- 海上移動業務識別，船舶局選択呼出番号及び海岸局識別番号

答え ▶▶▶ 2

出題傾向 下線の部分を穴埋めにした問題も出題されています．

問題 8 ★★ ➡2.5.2

陸上移動業務の無線局の予備免許を受けた者が行う工事設計の変更等に関する次の記述のうち，電波法（第8条，第9条及び第19条）の規定に照らし，これらの規定に定めるところに適合するものを1，適合しないものを2として解答せよ．

ア　電波法第8条の予備免許を受けた者は，予備免許の際に指定された工事落成の期限を延長しようとするときは，あらかじめ総務大臣に届け出なければならない．

イ　電波法第8条の予備免許を受けた者は，無線設備の設置場所を変更しようとするときは，あらかじめ総務大臣に届け出なければならない．但し，総務省令で定める軽微な事項については，この限りでない．

ウ　電波法第8条の予備免許を受けた者は，工事設計を変更しようとするときは，あらかじめ総務大臣の許可を受けなければならない．但し，総務省令で定める軽微な事項については，この限りでない．

エ　電波法第8条の予備免許を受けた者は，混信の除去等のため予備免許の際に指定された周波数及び空中線電力の指定の変更を受けようとするときは，総務大臣に指定の変更の申請を行い，その指定の変更を受けなければならない．

オ　電波法第8条の予備免許を受けた者が行う工事設計の変更は，周波数，電波の型式又は空中線電力に変更を来すものであってはならず，かつ，電波法第7条（申請の審査）第1項第1号の電波法第3章（無線設備）に定める技術基準に合致するものでなければならない．

解説　ア　正しくは，「電波法第8条の予備免許を受けた者**から申請があった場合において，相当と認めるときは，工事落成の期限を延長することができる**（電波法第8条第2項）.」です．

イ　正しくは，「電波法第8条の予備免許を受けた者は，無線設備の設置場所を変更しようとするときは，あらかじめ総務大臣**の許可を受けなければならない**（電波法第9条第4項）.」です．

ウ　電波法第9条第1項に規定されています．

エ　電波法第19条に規定されています（2.9.2参照）．

オ　電波法第9条第3項に規定されています．

答え▶▶▶ア－2，イ－2，ウ－1，エ－1，オ－1

2章

問題 9 ★★ ➡2.5.3

次の記述は，無線局の落成後の検査について述べたものである．電波法（第 10 条）の規定に照らし，[　　] 内に入れるべき最も適切な字句の組合せを，下の 1 から 4 までのうちから一つ選べ．

① 電波法第 8 条の予備免許を受けた者は，[A] は，その旨を総務大臣に届け出て，その無線設備，無線従事者の資格（主任無線従事者の要件に係るものを含む．）及び [B] 並びに時計及び書類（以下「無線設備等」という．）について検査を受けなければならない．

② ①の検査は，①の検査を受けようとする者が，当該検査を受けようとする無線設備等について登録点検等事業者（注 1）又は登録外国点検等事業者（注 2）が総務省令で定めるところにより行った当該登録に係る点検の結果を記載した書類を添えて①の届出をした場合においては，[C] を省略することができる．

注 1：電波法第 24 条の 2（検査等事業者の登録）第 1 項の登録を受けた者をいう．

注 2：電波法第 24 条 13（外国点検事業者の登録等）第 1 項の登録を受けた者をいう．

	A	B	C
1	工事が落成したとき	員数	その一部
2	工事落成の期限の日になったとき	員数（主任無線従事者の監督を受けて無線設備の操作を行う者を含む．）	その一部
3	工事が落成したとき	員数（主任無線従事者の監督を受けて無線設備の操作を行う者を含む．）	その全部又は一部
4	工事落成の期限の日になったとき	員数	その全部又は一部

答え ▶▶▶ 1

下線の部分を穴埋めにした問題も出題されています．

問題 10 ★★ ➡2.5.3

固定局及び陸上移動業務の無線局の落成後の検査に関する次の記述のうち，電波法（第10条）の規定に照らし，この規定に定めるところに適合するものはどれか．下の1から4までのうちから一つ選べ．

1　電波法第8条の予備免許を受けた者は，工事が落成したときは，その旨を総務大臣に届け出て，その無線設備，無線従事者の資格（主任無線従事者の要件に係るものを含む．）及び員数並びに時計及び書類について検査を受けなければならない．

2　電波法第8条の予備免許を受けた者は，工事が落成したときは，その旨を総務大臣に届け出て，電波の型式，周波数及び空中線電力，無線従事者の資格（主任無線従事者の要件に係るものを含む．）及び員数（主任無線従事者の監督を受けて無線設備の操作を行う者に係るものを含む．）並びに計器及び予備品について検査を受けなければならない．

3　電波法第8条の予備免許を受けた者は，工事落成の期限の日になったときは，その旨を総務大臣に届け出て，その無線設備並びに無線従事者の資格（主任無線従事者の要件に係るものを含む．）及び員数について検査を受けなければならない．

4　電波法第8条の予備免許を受けた者は，工事落成の期限の日になったときは，その旨を総務大臣に届け出て，その無線設備，無線従事者の資格及び員数（主任無線従事者の監督を受けて無線設備の操作を行う者に係るものを含む．）並びに時計及び書類について検査を受けなければならない．

答え▶▶▶1

問題 11 ★ ➡2.5.1 ➡2.5.2 ➡2.5.4

次の記述は，無線局の予備免許等について述べたものである．電波法（第8条，第9条及び第11条）の規定に照らし，[　　]内に入れるべき最も適切な字句の組合せを，下の1から5までのうちから一つ選べ．なお，同じ記号の[　　]内には，同じ字句が入るものとする．

①　総務大臣は，無線局の免許の申請書を受理し，電波法第7条（申請の審査）の規定により審査した結果，その申請が同条第1項各号又は第2項各号に適合していると認めるときは，申請者に対し，次に掲げる事項を指定して無線局の予備免許を与える．

(1) [A]
(2) 電波の型式及び周波数
(3) 呼出符号（標識符号を含む.），呼出名称その他の総務省令で定める識別信号
(4) 空中線電力
(5) 運用許容時間

② 総務大臣は，予備免許を受けた者から申請があった場合において，相当と認めるときは，①の[A]を延長することができる.

③ ①の予備免許を受けた者は，工事設計を変更しようとするときは，あらかじめ[B]なければならない．ただし，総務省令で定める軽微な事項については，この限りではない.

④ ③の変更は，[C]に変更を来すものであってはならず，かつ，電波法第7条第1項第1号又は第2項第1号の技術基準に合致するものでなければならない.

⑤ ①の[A]（②による期限の延長があったときは，その期限）経過後[D]以内に電波法第10条（落成後の検査）の規定による届出がないときは，総務大臣は，その無線局の免許を拒否しなければならない.

	A	B	C	D
1	工事落成の期限	総務大臣の許可を受け	周波数，電波の型式又は空中線電力	2週間
2	工事着手の期限	総務大臣に届け出	周波数，電波の型式又は空中線電力	3箇月
3	工事落成の期限	総務大臣に届け出	電波の型式又は周波数	2週間
4	工事着手の期限	総務大臣の許可を受け	電波の型式又は周波数	3箇月
5	工事落成の期限	総務大臣に届け出	周波数，電波の型式又は空中線電力	2週間

答え▶▶▶ 1

出題傾向 下線の部分を穴埋めにした問題も出題されています.

2.6 免許の有効期間と再免許

- 免許の有効期間は，免許の日から起算して 5 年を超えない範囲内において総務省令で定める．ただし，再免許を妨げない．
- 義務船舶局及び義務航空機局の免許の有効期間は無期限．
- 超短波放送又はテレビジョン放送をする無線局の免許がその効力を失ったときは，その放送の電波に重畳して多重放送をする無線局の免許は，その効力を失う．

2.6.1 免許の付与

電波法 第 12 条（免許の付与）〈一部改変〉

総務大臣は，落成後の検査を行った結果，その無線設備が工事設計に合致し，かつ，無線従事者の資格及び員数，時計，書類が法の規定に違反しないと認めるときは，遅滞なく申請者に対し免許を与えなければならない．

2.6.2 免許の有効期間

無線局の免許の有効期間は，次のようになっています．

電波法 第 13 条（免許の有効期間）第 1 項

免許の有効期間は，免許の日から起算して **5 年を超えない範囲内**において総務省令 (*) で定める．ただし，再免許を妨げない．〔＊電波法施行規則第 7 条～第 9 条〕

電波法第 13 条第 1 項の総務省令で定める免許の有効期間は，次の (1)～(7) に掲げる無線局の種別に従い，それぞれ (1)～(7) に定めるとおりとする．

(1) 地上基幹放送局（臨時目的放送を専ら行うものに限る．）
　　当該放送の目的を達成するために必要な期間
(2) 地上基幹放送試験局　2 年
(3) 衛星基幹放送局（臨時目的放送を専ら行うものに限る．）
　　当該放送の目的を達成するために必要な期間
(4) 衛星基幹放送試験局　2 年
(5) 特定実験試験局（総務大臣が公示する周波数，当該周波数の使用が可能な地域及び期間並びに空中線電力の範囲内で開設する実験試験局をいう．）

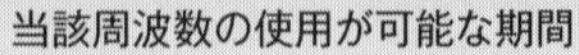
　　当該周波数の使用が可能な期間

(6) 実用化試験局　2 年
(7) その他の無線局　5 年
〔電波法施行規則第 7 条〕

関連知識　多重放送をする無線局の免許の効力

電波法第 13 条の 2 において,「超短波放送又はテレビジョン放送をする無線局の免許がその効力を失ったときは, その放送の電波に重畳して多重放送をする無線局の免許は, その効力を失う.」と規定されています.

2.6.3 再免許

再免許は, 無線局の免許の有効期間満了と同時に, 今までと同じ免許内容で新たに免許することです. 再免許の申請は次のように行います.

無線局免許手続規則　第 16 条（再免許の申請）第 1 項〈抜粋〉

再免許を申請しようとするときは, 再免許申請書に所定の事項を記載した書類を添えて総務大臣又は総合通信局長に提出して行わなければならない.

無線局免許手続規則　第 18 条（申請の期間）〈一部改変〉

再免許の申請は, 下の (1)～(4) の無線局を除き, 免許の有効期間満了前**3 箇月以上 6 箇月**を超えない期間において行わなければならない.

(1) アマチュア局（人工衛星等のアマチュア局を除く.）[免許の有効期間満了前 1 箇月以上 1 年を超えない期間において行わなければならない]

(2) 特定実験試験局 [免許の有効期間満了前 1 箇月以上 3 箇月を超えない期間において行わなければならない]

(3) 免許の有効期間が 1 年以内である無線局（地上一般放送局を除く.）[免許の有効期間満了前 1 箇月までに行うことができる]

(4) 免許の有効期間満了前 1 箇月以内に免許を与えられた無線局 [免許を受けた後直ちに再免許の申請を行わなければならない]

再免許申請の審査に合格すると免許が付与されます.

無線局免許手続規則　第19条（審査及び免許の附与）第1項

総務大臣又は総合通信局長は，再免許の申請を審査した結果，その申請が審査要件に適合していると認めるときは，申請者に対し，次に掲げる事項を指定して，無線局の免許を与える．

(1) 電波の型式及び周波数
(2) 識別信号
(3) **空中線電力**
(4) 運用許容時間

問題 12 ★★　➡2.6.2 ➡2.6.3

次の記述は，無線局の免許の有効期間について述べたものである．電波法（第13条）及び電波法施行規則（第7条）の規定に照らし，[　　]内に入れるべき最も適切な字句の組合せを下の1から4までのうちから一つ選べ．なお，同じ記号の[　　]内には，同じ字句が入るものとする．

① 免許の有効期間は，免許の日から起算して[A]において総務省令で定める．ただし，再免許を妨げない．
② ①の総務省令で定める免許の有効期間は，次の(1)から(7)までに掲げる無線局の種別に従い，それぞれ(1)から(7)までに定めるとおりとする．

(1) 地上基幹放送局（臨時目的放送を専ら行うものに限る．）	[B]
(2) 地上基幹放送試験局	2年
(3) 衛星基幹放送局（臨時目的放送を専ら行うものに限る．）	[B]
(4) 衛星基幹放送試験局	2年
(5) 特定実験試験局	当該周波数の使用が可能な期間
(6) 実用化試験局	2年
(7) その他の無線局	[C]

	A	B	C
1	5年を超えない範囲内	1年	3年
2	5年を超えない範囲内	当該放送の目的を達成するために必要な期間	5年
3	10年を超えない範囲内	1年	5年
4	10年を超えない範囲内	当該放送の目的を達成するために必要な期間	3年

答え▶▶▶2

下線の部分を穴埋めにした問題も出題されています．

2 章

問題 13 ★★ ➡2.6.2 ➡2.6.3

次の記述は，無線局の免許の有効期間及び再免許の申請期間について述べたものである．電波法（第 13 条），電波法施行規則（第 7 条及び第 8 条）及び無線局免許手続規則（第 18 条）の規定に照らし，［　　］内に入れるべき最も適切な字句の組合せを下の 1 から 4 までのうちから一つ選べ．

① 免許の有効期間は，免許の日から起算して［ A ］において総務省令で定める．ただし，再免許を妨げない．

② 固定局の免許の有効期間は，5 年とする．

③ 地上基幹放送局（臨時目的放送を専ら行うものに限る．）の免許の有効期間は，［ B ］とする．

④ ②の免許の有効期間は，同一の種別に属する無線局について同時に有効期間が満了するよう総務大臣が定める一定の時期に免許をした無線局に適用があるものとし，免許をする時期がこれと異なる無線局の免許の有効期間は，②にかかわらず，当該一定の時期に免許を受けた当該種別の無線局に係る免許の有効期間の満了の日までとする．

⑤ ②の無線局の再免許の申請は，免許の有効期間満了前［ C ］を超えない期間において行わなければならない(注)．

注：無線局免許手続規則第 18 条（申請の期間）第 1 項ただし書，同条第 2 項及び第 3 項において別に定める場合を除く．

	A	B	C
1	10 年を超えない範囲内	当該放送の目的を達成するために必要な期間	1 箇月以上 3 箇月
2	5 年を超えない範囲内	当該放送の目的を達成するために必要な期間	3 箇月以上 6 箇月
3	5 年を超えない範囲内	当該放送のための周波数の使用が可能な期間	1 箇月以上 3 箇月
4	10 年を超えない範囲内	当該放送のための周波数の使用が可能な期間	3 箇月以上 6 箇月

解説 ④は免許の終期の統一に関する問題です．電波法施行規則第８条により，免許の有効期間は，同一の種別（地上基幹放送については，コミュニティ放送を行う地上基幹放送局とそれ以外の放送を行う地上基幹放送局に区分別とする.）に属する無線局については，同時に有効期間が満了するように終期が統一されています．終期の統一は，無線局の再編成等が行いやすいように設けられたもので，再編成等の必要が生じないと思われる地上基幹放送局（臨時目的放送を専ら行うもの及び中継国際放送を行うものに限る.），船舶局，航空機局，アマチュア局，簡易無線局などには終期の統一は適用されません．

答え▶▶▶2

出題傾向 下線の部分を穴埋めにした問題も出題されています．

2.7 免許状

● 総務大臣は，免許を与えたときは，免許状を交付する．

2.7.1 免許状及び免許状の交付

総務大臣は免許を与えたときは，次に示す事項が記載された免許状を交付します．

電波法 第14条（免許状）第1項～第2項

総務大臣は，免許を与えたときは，免許状を交付する．

2 免許状には，次に掲げる事項を記載しなければならない．

（1）免許の年月日及び免許の番号
（2）免許人（無線局の免許を受けた者をいう．）の氏名又は名称及び住所
（3）無線局の種別
（4）無線局の目的（主たる目的及び従たる目的を有する無線局にあっては，その主従の区別を含む．）
（5）通信の相手方及び通信事項
（6）無線設備の設置場所
（7）免許の有効期間
（8）識別信号
（9）電波の型式及び周波数
（10）空中線電力
（11）運用許容時間

2.7.2 基幹放送局の免許状

電波法 第14条（免許状）第3項

基幹放送局の免許状には，次に掲げる事項を記載しなければならない．

（1）電波法第14条第2項の（1）～（11）に掲げる事項（基幹放送のみをする無線局の免許状にあっては，（5）を除く．）
（2）放送区域
（3）特定地上基幹放送局の免許状にあっては放送事項，認定基幹放送事業者の地上基幹放送の業務の用に供する無線局にあってはその無線局に係る認定基幹放送事業者の氏名又は名称

電波法　第15条（簡易な免許手続）

再免許及び適合表示無線設備のみを使用する無線局その他総務省令（*）で定める無線局の免許については，総務省令（*）で定める簡易な手続によることができる．

〔＊無線局免許手続規則第15条～第20条〕

2.7.3 免許状の備え付け

電波法施行規則　第38条（備付けを要する業務書類）第2項～第3項

2　船舶局，無線航行移動局又は船舶地球局にあっては，免許状は，主たる送信装置のある場所の見やすい箇所に掲げておかなければならない．ただし，掲示を困難とするものについては，その掲示を要しない．

3　遭難自動通報局（携帯用位置指示無線標識のみを設置するものに限る.），船上通信局，陸上移動局，携帯局，無線標定移動局，携帯移動地球局，陸上を移動する地球局であって停止中にのみ運用を行うもの又は移動する実験試験局（宇宙物体に開設するものを除く.），アマチュア局（人工衛星に開設するものを除く.），簡易無線局若しくは気象援助局にあっては，第1項の規定にかかわらず，その無線設備の常置場所（VSAT地球局にあっては，当該VSAT地球局の送信の制御を行う他の1の地球局（VSAT制御地球局）の無線設備の設置場所とする.）に免許状を備え付けなければならない．

平成30年3月1日から免許状の掲示義務（船舶局，無線航行移動局又は船舶地球局を除く）は廃止され，「無線設備の常置場所に免許状を備え付けなければならない」となりました．又，証票は廃止になりました．

2.7.4 免許状の訂正

電波法 第21条（免許状の訂正）

免許人は，免許状に記載した事項に変更を生じたときは，その免許状を総務大臣に提出し，訂正を受けなければならない．

無線局免許手続規則 第22条（免許状の訂正）

免許人は，電波法第21条の免許状の訂正を受けようとするときは，次に掲げる事項を記載した申請書を総務大臣又は総合通信局長に提出しなければならない．

(1) 免許人の氏名又は名称及び住所並びに法人にあっては，その代表者の氏名
(2) 無線局の種別及び局数
(3) 識別信号（包括免許に係る特定無線局を除く．）
(4) 免許の番号又は包括免許の番号
(5) 訂正を受ける箇所及び訂正を受ける理由

2　前項の申請書の様式は，別表第6号の5のとおりとする．（省略）

3　第1項の申請があった場合において，総務大臣又は総合通信局長は，新たな免許状の交付による訂正を行うことがある．

4　総務大臣又は総合通信局長は，第1項の申請による場合のほか，職権により免許状の訂正を行うことがある．

5　免許人は，新たな免許状の交付を受けたときは，遅滞なく旧免許状を返さなければならない．

2.7.5 免許状の再交付

無線局免許手続規則 第23条（免許状の再交付）第1項

免許人は，免許状を破損し，汚し，失った等のために免許状の再交付の申請をしようとするときは，次に掲げる事項を記載した申請書を総務大臣又は総合通信局長に提出しなければならない．

(1) 免許人の氏名又は名称及び住所並びに法人にあっては，その代表者の氏名
(2) 無線局の種別及び局数
(3) 識別信号（包括免許に係る特定無線局を除く．）
(4) 免許の番号又は包括免許の番号
(5) 再交付を求める理由

2.8 運用の開始と休止の届出，廃止

- 免許人は，免許を受けたときは，遅滞なくその無線局の運用開始の期日を総務大臣に届け出なければならない．
- 無線局の運用を1箇月以上休止するときは，免許人は，その休止期間を総務大臣に届け出なければならない．
- 無線局を廃止するときは，その旨を総務大臣に届け出なければならない．

2.8.1 運用の開始と休止

電波法 第16条（運用の開始及び休止の届出）

1　免許人は，免許を受けたときは，遅滞なくその無線局の運用開始の期日を総務大臣に届け出なければならない．ただし，総務省令(*)で定める無線局については，この限りではない．　〔＊電波法施行規則第10条の2〕

2　前項の規定により届け出た無線局の運用を1箇月以上休止するときは，免許人は，その休止期間を総務大臣に届け出なければならない．休止期間を変更するときも，同様とする．

2.8.2 無線局の廃止

無線局を廃止することは，無線通信業務を止めることで，その免許は効力を失います．廃止する場合は，総務大臣に廃止届を出す義務があります．

(1) 無線局廃止届

電波法 第22条（無線局の廃止）

免許人は，その無線局を**廃止するとき**は，**その旨を総務大臣に届け出**なければならない．

(2) 免許の効力の失効

電波法 第23条（無線局の廃止）

免許人が無線局を廃止したときは，免許は，その効力を失う．

(3) 免許状の返納

電波法　第24条（免許状の返納）

免許がその効力を失ったときは，免許人であった者は，**1箇月以内**にその免許状を**返納**しなければならない．

2.8.3 無線局の免許が効力を失ったときの措置

無線局の免許等がその効力を失った後，その無線局を運用すると無線局の不法開設となり，1年以下の懲役又は100万円以下の罰金に処せられます．そのため，次のように空中線を撤去し，免許状を返納しなければなりません．返納しない場合は30万円以下の過料とされています．

電波法　第78条（電波の発射の防止）

無線局の免許等がその効力を失ったときは，免許人等であった者は，遅滞なく空中線の撤去その他の総務省令で定める電波の発射を防止するために必要な措置を講じなければならない．

関連知識　電波の発射を防止するために必要な措置

電波法第78条の総務省令で定める電波の発射を防止するために必要な措置は，「固定局，基幹放送局及び地上一般放送局の無線設備」については，「**空中線を撤去すること（空中線を撤去することが困難な場合にあっては，送信機，給電線又は電源設備を撤去すること）**」と定められています．その他，「携帯用位置指示無線標識，航空機用救命無線機など」については「電池を取り外すこと．」と定められています．詳細は電波法施行規則第42条の3（電波の発射の防止）を参照して下さい．

問題 14 ★★★ ➡2.8.2 ➡2.8.3

次の記述は，無線局（包括免許に係わるものを除く.）の免許がその効力を失ったときに執るべき措置等について述べたものである．電波法（第22条から第24条まで，第78条及び第113条）及び電波法施行規則（第42条の3）の規定に照らし，□内に入れるべき最も適切な字句を下の1から10までのうちからそれぞれ一つ選べ．

① 免許人は，その無線局を廃止するときは［ア］ならない．
② 免許人が無線局を廃止したときは，免許は，その効力を失う．
③ 無線局の免許がその効力を失ったときは，免許人であった者は，［イ］にその免許状を［ウ］しなければならない．
④ 無線局の免許がその効力を失ったときは，免許人であった者は，遅滞なく空中線の撤去その他の総務省令で定める電波の発射を防止するために必要な措置を講じなければならない．
⑤ ④の総務省令で定める電波の発射を防止するために必要な措置は，固定局の無線設備については，空中線を撤去すること（空中線を撤去することが困難な場合にあっては，［エ］を撤去すること．）．
⑥ ④に違反して電波の発射を防止するために必要な措置を講じなかった者は，［オ］に処する．

1 総務大臣の許可を受けなければ
2 その旨を総務大臣に届け出なければ
3 3箇月以内　　4 1箇月以内　　5 返納　　6 廃棄
7 送信機，給電線及び電源設備　　8 送信機，給電線又は電源設備
9 30万円以下の罰金
10 6月以下の懲役又は30万円以下の罰金

解説 (1) 無線局を廃止するときは，**その旨を総務大臣に届け出なければ**なりません．無線局を廃止したときは，免許は，その効力を失い，免許状を**1箇月以内**に**返納**しなければなりません（無線局の廃止等の届出義務違反，免許状の返納違反は30万円以下の過料に処せられます）．
(2) 無線局の免許がその効力を失ったときは，遅滞なく空中線の撤去その他の総務省令で定める電波の発射を防止するために必要な措置を講じなければなりません．これに違反した者は**30万円以下の罰金**に処せられます．

答え▶▶▶アー２，イー４，ウー５，エー８，オー９

下線の部分を穴埋めにした問題も出題されています．

2章

問題 15 ★★ ➡2.8.3

無線局の免許（包括免許を除く．）がその効力を失ったときに，免許人（包括免許人を除く．）であった者が執るべき措置に関する次の記述のうち，電波法（第24条及び第78条）の規定に照らし，これらの規定に定めるところに適合するものを1，これらの規定に適合しないものを2とし解答せよ．

ア　遅滞なく無線従事者の解任届を提出しなければならない．
イ　1箇月以内にその免許状を返納しなければならない．
ウ　速やかに無線局免許申請書の添付書類の写しを総務大臣に返納しなければならない．
エ　速やかに送信装置を廃棄しなければならない．
オ　遅滞なく空中線の撤去その他総務省令で定める電波の発射を防止するために必要な措置を講じなければならない．

答え▶▶▶アー２，イー１，ウー２，エー２，オー１

2.9 免許内容の変更

● 免許人は，無線局の目的，通信の相手方，通信事項，放送事項，放送区域，無線設備の設置場所若しくは基幹放送の業務に用いられる電気通信設備を変更し，又は無線設備の変更の工事をしようとするときは，あらかじめ総務大臣の許可を受けなければならない．

無線局を開局した後，免許内容を変更する必要がある場合があります．免許内容を変更する場合には，「免許人の意志で免許内容を変更する場合」と「監督権限によって免許内容を変更する場合」があります．

2.9.1 免許人の意志で免許内容を変更する場合

電波法 第17条（変更等の許可）第1項

免許人は，無線局の目的，通信の相手方，通信事項，放送事項，放送区域，無線設備の設置場所若しくは基幹放送の業務に用いられる電気通信設備を変更し，又は無線設備の変更の工事をしようとするときは，あらかじめ総務大臣の許可を受けなければならない．ただし，次に掲げる事項を内容とする無線局の目的の変更は，これを行うことができない．

(1) 基幹放送局以外の無線局が基幹放送をすることとすること

(2) 基幹放送局が基幹放送をしないこととすること

2.9.2 変更検査

電波法 第18条（変更検査）第1項

電波法第17条第1項の規定により**無線設備の設置場所の変更又は無線設備の変更の工事の許可を受けた免許人は，総務大臣の検査を受け，当該変更又は工事の結果が同条同項の許可の内容に適合していると認められた後でなければ，許可に係る無線設備を運用してはならない**．ただし，総務省令(*)で定める場合は，この限りではない．

〔＊　電波法施行規則第10条の4〕

電波法 第18条（変更検査）第2項

電波法第18条第1項の検査は，その検査を受けようとする者が，当該検査を受けようとする無線設備について電波法第24条の2第1項又は電波法第24条の13第1項の登録を受けた者が総務省令(*)で定めるところにより行った当該登録に係る点検の結果を記載した書類を総務大臣に提出した場合においては，その一部を省略することができる．　〔＊　登録検査等事業者等規則第19条〜第21条〕

電波法 第19条（申請による周波数等の変更）

総務大臣は，免許人又は電波法第8条の予備免許を受けた者が**識別信号，電波の型式，周波数，空中線電力**又は運用許容時間の指定の変更を申請した場合において，**混信の除去その他**特に必要があると認めるときは，その指定を変更することができる．

電波法第76条第4項（7.3.3）において，「免許人が不正な手段により電波法第19条の指定の変更を行わせたとき，総務大臣が**その免許を取り消すことができる**」と規定されている．

問題16 ★★ ➡2.9.1 ➡2.9.2

固定局及び陸上移動業務の無線局の免許の内容の変更に関する次の記述のうち，電波法（第17条，第18条及び第19条）の規定に照らし，これらの規定に定めるところに適合しないものはどれか．下の1から4までのうちから一つ選べ．

1　無線局の免許人は，通信の相手方，通信事項若しくは無線設備の設置場所を変更し，又は無線設備の変更の工事をしようとするときは，あらかじめ総務大臣の許可を受けなければならない．ただし，無線設備の変更の工事であって，総務省令で定める軽微な事項については，この限りでない．

2　無線設備の変更の工事は，周波数，電波の型式，空中線電力又は実効輻射電力に変更を来すものであってはならず，かつ，電波法第7条（申請の審査）第1項の無線局（放送局を除く．）の開設の根本的基準に合致するものでなければならない．

3　無線設備の設置場所を変更又は無線設備の変更の工事の許可を受けた免許人は，総務大臣の検査を受け，当該変更又は工事の結果が電波法第17条（変更の許可）第1項の許可の内容に適合していると認められた後でなければ，許可に係る無線設備を運用してはならない．ただし，総務省令で定める場合は，この限りでない．

4　総務大臣は，無線局の免許人が電波の型式，周波数又は空中線電力の指定の変更を申請した場合において，混信の除去その他特に必要があると認めるときは，その指定を変更することができる.

解説　2「**空中線電力又は実効輻射電力**」ではなく，正しくは「**空中線電力**」です.

答え▶▶▶2

問題 17 ★★　➡2.9.2

総務大臣から無線設備の変更の工事の許可を受けた免許人が，その無線設備を運用する際の手続きに関する次の記述のうち，電波法（第18条）の規定に照らし，この規定に定めるところに適合するものはどれか．下の1から4までのうちから一つ選べ.

1　無線設備の変更の工事を行った免許人は，当該許可に係る無線設備を運用しようとするときは，総務省令で定める場合を除き，申請書に，その工事の結果を記載した書類を添えて総務大臣に提出し，その運用について許可を受けた後でなければ，当該許可に係る無線設備を運用してはならない.

2　無線設備の変更の工事を行った免許人は，総務省令で定める場合を除き，その工事の結果を記載した書類を添えてその旨を総務大臣に届け出た後でなければ，許可に係る無線設備を運用してはならない.

3　無線設備の変更の工事を行った免許人は，総務省令で定める場合を除き，総務大臣の検査を受け，当該無線設備の変更の工事の結果が許可の内容に適合していると認められた後でなければ，許可に係る無線設備を運用してはならない.

4　無線設備の変更の工事を行った免許人は，総務省令で定める場合を除き，登録検査等事業者（注）の検査を受け，当該無線設備の変更の工事の結果が電波法第3章（無線設備）に定める技術基準に適合していると認められた後でなければ，許可に係る無線設備を運用してはならない.

注：電波法第24条の2（検査等事業者の登録）第1項の登録を受けた者をいう.

答え▶▶▶3

問題 18 ★★ ➡2.9.2

次の記述は，免許人（包括免許人を除く.）の行う申請による周波数等の変更について述べたものである．電波法（第 19 条及び第 76 条）の規定に照らし，[　　] 内に入れるべき最も適切な字句の組合せを下の 1 から 4 までのうちから一つ選べ．

① 総務大臣は，免許人が識別信号，[A] 又は運用許容時間の指定の変更を申請した場合において，[B] 特に必要があると認めるときは，その指定を変更することができる．

② 総務大臣は，免許人が不正な手段により電波法第 19 条（申請による周波数等の変更）の規定による①の指定の変更を行わせたときは，[C] ことができる．

	A	B	C
1	電波の型式，周波数，空中線電力	電波の規整その他公益上	6 月以内の期間を定めて運用の停止を命ずる
2	無線設備の設置場所，電波の型式，周波数，空中線電力	混信の除去その他	6 月以内の期間を定めて運用の停止を命ずる
3	無線設備の設置場所，電波の型式，周波数，空中線電力	電波の規整その他公益上	その免許を取り消す
4	電波の型式，周波数，空中線電力	混信の除去その他	その免許を取り消す

答え ▶▶▶ 4

2.10 免許の承継等

● 免許人について相続があったときは，その相続人は，免許人の地位を承継する．

次のような場合は免許人の地位を承継します．

2.10.1 免許人の相続による承継

電波法 第20条（免許の承継等）第1項

免許人について相続があったときは，その相続人は，免許人の地位を承継する．

2.10.2 法人が合併又は分割をしたときの承継

電波法 第20条（免許の承継等）第2項

免許人たる法人が合併又は分割をしたときは，合併後存続する法人若しくは合併により設立された法人又は分割により当該事業の全部を承継した法人は，**総務大臣の許可を受けて**免許人の地位を承継することができる．

2.10.3 事業の全部の譲渡による承継

電波法 第20条（免許の承継等）第3項

免許人が無線局をその用に供する事業の全部の譲渡しをしたときは，譲受人は，**総務大臣の許可を受けて**免許人の地位を承継することができる．

2.10.4 届　出

電波法 第20条（免許の承継等）第9項

電波法第20条第1項，電波法第20条第7項（船舶の運行者の変更による承継）及び第8項（航空機の運行者の変更による承継）**の規定により**免許人の地位を承継した者は，遅滞なく，その事実を証する書面を添えてその旨を**総務大臣に届け出**なければならない．

2.10.5 予備免許の承継

電波法 第 20 条（免許の承継等）第 10 項

電波法第 20 条第 1 項から第 9 項までの規定は，電波法第 8 条の予備免許を受けた者に準用する．

問題 19 ★ ➡ 2.10

次の記述は，陸上に開設する無線局の免許の承継について述べたものである．電波法（第 20 条）の規定に照らし，［　］内に入れるべき最も適切な字句の組合せを下の 1 から 4 までのうちから一つ選べ．なお，同じ記号の［　］内には，同じ字句が入るものとする．

① 免許人について相続があったときは，その相続人は，免許人の地位を承継する．

② 免許人たる法人が合併又は分割（無線局をその用に供する事業の全部を承継させるものに限る．）をしたときは，合併後存続する法人若しくは合併により設立された法人又は分割により当該事業の全部を承継した法人は，［ A ］免許人の地位を承継することができる．

③ 免許人が無線局をその用に供する事業の全部の譲渡しをしたときは，譲受人は，［ A ］免許人の地位を承継することができる．

④ ［ B ］免許人の地位を承継した者は，遅滞なく，その事実を証する書面を添えてその旨を総務大臣に［ C ］．

	A	B	C
1	総務大臣の登録を受けて	①の規定により	届け出てその無線局の検査を受けなければならない
2	総務大臣の許可を受けて	①から③までの規定により	届け出てその無線局の検査を受けなければならない
3	総務大臣の許可を受けて	①の規定により	届け出なければならない
4	総務大臣の登録を受けて	①から③までの規定により	届け出なければならない

答え ▶▶▶ 3

2.11 特定無線局の免許の特例

● 特定無線局を 2 以上開設しようとする者は，特定無線局が目的，通信の相手方，電波の型式及び周波数並びに無線設備の規格が同じである場合，包括して免許申請できる．

2.11.1 特定無線局の包括免許の申請

電波法 第 27 条の 2（特定無線局の免許の特例）

次の各号のいずれかに掲げる無線局であって，**適合表示無線設備のみを使用する**もの（以下「特定無線局」という．）を **2 以上**開設しようとする者は，その特定無線局が**目的**，通信の相手方，**電波の型式及び周波数**並びに無線設備の規格（総務省令で定めるものに限る．）を同じくするものである限りにおいて，電波法第 27 条の 3 から第 27 条の 11 までに規定するところにより，これらの特定無線局を包括して対象とする免許を申請することができる．

（1）移動する無線局であって，通信の相手方である無線局からの電波を受けることによって自動的に選択される周波数の電波のみを発射するもののうち，総務省令で定める無線局

（2）電気通信業務を行うことを目的として陸上に開設する移動しない無線局であって，移動する無線局を通信の相手方とするもののうち，無線設備の設置場所，空中線電力等を勘案して総務省令で定める無線局

2.11.2 包括免許の付与

電波法 第 27 条の 5（包括免許の付与）

総務大臣は，特定無線局の申請を受理し審査した結果，その申請が所定の条件に適合していると認めるときは，申請者に対し，次に掲げる事項を指定して，免許を与えなければならない．

（1）電波の型式及び周波数

（2）空中線電力

（3）指定無線局数（同時に開設されている特定無線局の数の上限をいう．）

（4）運用開始の期限（1 以上の特定無線局の運用を最初に開始する期限をいう．）

2　総務大臣は，前項の免許（以下「包括免許」という．）を与えたときは，次に掲げる事項を記載した免許状を交付する．

（1）包括免許の年月日及び包括免許の番号

(2) 包括免許人（包括免許を受けた者をいう．以下同じ.）の氏名又は名称及び住所
(3) 特定無線局の種別
(4) 特定無線局の目的（主たる目的及び従たる目的を有する特定無線局にあっては，その主従の区別を含む.）
(5) 通信の相手方
(6) 包括免許の有効期間

3　包括免許の有効期間は，包括免許の日から起算して5年を超えない範囲内において総務省令で定める．ただし，再免許を妨げない．

問題 20 ★ ➡2.11.1

次の記述は，特定無線局の免許の特例について述べたものである．電波法（第27条の2）の規定に照らし，[　　]内に入れるべき最も適切な字句の組合せを下の1から5までのうちから一つ選べ．

次の（1）又は（2）のいずれかに掲げる無線局であって，[A]もの（以下「特定無線局」という．）を[B]開設しようとする者は，その特定無線局が[C]，通信の相手方，[D]並びに無線設備の規格（総務省令で定めるものに限る．）を同じくするものである限りにおいて，電波法第27条の3（特定無線局の免許の申請）から同法第27条の11（特定無線局及び包括免許人に関する適用除外等）までに規定するところにより，これらの特定無線局を包括して対象とする免許を申請することができる．

（1）移動する無線局であって，通信の相手方である無線局からの電波を受けることによって自動的に選択される周波数の電波のみを発射するもののうち，総務省令で定める無線局

（2）電気通信業務を行うことを目的として陸上に開設する移動しない無線局であって，移動する無線局を通信の相手方とするもののうち，無線設備の設置場所，空中線電力等を勘案して総務省令で定める無線局

	A	B	C	D
1	特定機器に係る適合性の評価を同じくする	2以上	目的	電波の型式，周波数及び空中線電力
2	特定機器に係る適合性の評価を同じくする	10以上	目的	電波の型式，周波数及び空中線電力
3	適合表示無線設備のみを使用する	2以上	目的	電波の型式及び周波数
4	特定機器に係る適合性の評価を同じくする	2以上	通信事項	電波の型式及び周波数
5	適合表示無線設備のみを使用する	10以上	通信事項	電波の型式，周波数及び空中線電力

答え▶▶▶3

2.12 無線局の登録

●無線局の登録を受けようとする者は，所定の事項を記載した申請書を総務大臣に提出しなければならない．

電波法　第27条の18（登録）第1項

電波を発射しようとする場合において当該電波と周波数を同じくする電波を受信することにより一定の時間自己の**電波を発射しないこと**を確保する機能を有する無線局その他無線設備の**規格**（総務省令で定めるものに限る．）を同じくする他の無線局の運用を阻害するような混信その他の妨害を与えないように運用することのできる無線局のうち総務省令で定めるものであって，**適合表示無線設備**のみを使用するものを総務省令で定める区域内に開設しようとする者は，総務大臣の登録を受けなければならない．

2.12.1 登録の申請

電波法　第27条の18（登録）第2項〜第3項

2　無線局の登録を受けようとする者は，総務省令で定めるところにより，次に掲げる事項を記載した申請書を総務大臣に提出しなければならない．

（1）氏名又は名称及び住所並びに法人にあっては，その代表者の氏名

（2）開設しようとする無線局の**無線設備の規格**

（3）無線設備の設置場所

（4）**周波数及び空中線電力**

3　前項の申請書には，開設の目的その他総務省令で定める事項を記載した書類を添付しなければならない．

2.12.2 登録の有効期間

電波法　第27条の21（登録の有効期間）

登録の有効期間は，登録の日から起算して5年を超えない範囲内において総務省令で定められる．ただし，再登録を妨げない．

2.12.3 登録状

電波法　第27条の22（登録状）

総務大臣は，無線局の登録をしたときは，登録状を交付する．

2　登録状には，所定の事項を記載しなければならない．

2.12.4 変更登録等

電波法　第27条の23（変更登録等）〈抜粋〉

登録人は無線設備の設置場所又は周波数若しくは空中線電力を変更しようとするときは，総務大臣の変更登録を受けなければならない．ただし，総務省令で定める軽微な変更については，この限りでない．

2　前項の変更登録を受けようとする者は，総務省令で定めるところにより，変更に係る事項を記載した申請書を総務大臣に提出しなければならない．

4　登録人は，氏名又は名称及び住所並びに法人にあっては，その代表者の氏名に変更があったとき，又は総務省令で定める軽微な変更をしたときは，遅滞なく，その旨を総務大臣に届け出なければならない．その届出があった場合には，総務大臣は，遅滞なく，当該登録を変更するものとする．

2.12.5 登録状の訂正

電波法　第27条の25（登録状の訂正）

登録人は，登録状に記載した事項に変更を生じたときは，その登録状を総務大臣に提出し，訂正を受けなければならない．

2.12.6 廃止の届出

電波法　第27条の26（廃止の届出）

登録人は，登録局を廃止したときは，遅滞なく，その旨を総務大臣に届け出なければならない．

2　登録の廃止の届出があったときは，登録は，その効力を失う．

2.12.7 登録状の返納

電波法 第27条の28（登録状の返納）

登録を取り消されたとき，登録の有効期間が満了したとき，又は登録がその効力を失ったときは，登録人であった者は，1箇月以内にその登録状を返納しなければならない．

2.12.8 包括登録人に関する変更登録等

電波法 第27条の30（包括登録人に関する変更登録等）〈抜粋〉

電波法第27条の29第1項の規定による登録を受けた者（以下「包括登録人」という．）は，電波法第27条の29第2項（3）又は（4）に掲げる事項を変更しようとするときは，総務大臣の変更登録を受けなければならない．ただし，総務省令で定める軽微な変更については，この限りではない．

2　前項の変更登録を受けようとする者は，総務省令で定めるところにより，変更に係る事項を記載した申請書を総務大臣に提出しなければならない．

電波法 第27条の31（無線局の開設の届出）

包括登録人は，その登録に係る無線局を開設したとき（再登録を受けて当該無線局を引き続き開設するときを除く．）は，当該無線局ごとに，**15日以内**で総務省令で定める期間内に，当該無線局に係る**運用開始の期日及び無線設備の設置場所**その他の総務省令で定める事項を総務大臣に届け出なければならない．

電波法施行規則 第20条（登録局の開設の届出期間）

電波法第27条の31の総務省令で定める期間は，**15日**とする．

電波法 第27条の32（変更の届出）

包括登録人は，前条の規定により届け出た事項に変更があったときは，遅滞なく，その旨を総務大臣に届け出なければならない．

電波法 第27条の33（登録の失効）

包括登録人がその登録に係る**すべての無線局**を廃止したときは，当該登録は，その効力を失う．

問題 21 ★ ➡2.12.1

次の記述は，無線局の登録について述べたものである．電波法（第27条の18）の規定に照らし，［　　］内に入れるべき正しい字句の組合せを，下の1から4までのうちから一つ選べ．なお，同じ記号の［　　］内には，同じ字句が入るものとする．

① 電波を発射しようとする場合において当該電波と周波数を同じくする電波を受信することにより一定の時間自己の［ A ］ことを確保する機能を有する無線局その他無線設備の［ B ］（総務省令で定めるものに限る．以下同じ．）を同じくする他の無線局の運用を阻害するような混信その他の妨害を与えないように運用することのできる無線局のうち総務省令で定めるものであって，［ C ］のみを使用するものを総務省令で定める区域内に開設しようとする者は，総務大臣の登録を受けなければならない．

② ①の登録を受けようとする者は，総務省令で定めるところにより，次に掲げる事項を記載した申請書を総務大臣に提出しなければならない．

(1) 氏名又は名称及び住所並びに法人にあっては，その代表者の氏名

(2) 開設しようとする無線局の無線設備の［ B ］

(3) 無線設備の設置場所

(4) ［ D ］

③ ②の申請書には，開設の目的その他総務省令で定める事項を記載した書類を添付しなければならない．

	A	B	C	D
1	空中線電力を低下する	工事設計	適合表示無線設備	通信の相手方及び通信事項
2	空中線電力を低下する	規格	型式検定に合格した無線設備の機器	周波数及び空中線電力
3	電波を発射しない	工事設計	型式検定に合格した無線設備の機器	通信の相手方及び通信事項
4	電波を発射しない	規格	適合表示無線設備	周波数及び空中線電力

答え▶▶▶4

問題 22 ★ ➡ 2.12.8

次の記述は，無線局の開設の届出等について述べたものである．電波法（第 27 条の 31 から第 27 条の 33 まで）及び電波法施行規則（第 20 条）の規定に照らし，[　　]内に入れるべき最も適切な字句の組合せを，下の 1 から 4 までのうちから一つ選べ．なお，同じ記号の[　　]内には，同じ字句が入るものとする．

① 包括登録人は，その登録に係る無線局を開設したとき（再登録を受けて当該無線局を引き続き開設するときを除く．）は，当該無線局ごとに，[A]以内で総務省令で定める期間内に，当該無線局に係る[B]その他総務省令で定める事項を総務大臣に届け出なければならない．

② 包括登録人は，①の規定により届け出た事項に変更があったときは，遅滞なく，その旨を総務大臣に届け出なければならない．

③ 包括登録人がその登録に係る[C]を廃止したときは，当該登録は，その効力を失う．

④ ①の総務省令で定める期間は，[A]とする．

	A	B	C
1	15 日	電波の型式，周波数及び空中線電力並びに移動範囲	無線局
2	30 日	運用開始の期日及び無線設備の設置場所	無線局
3	15 日	運用開始の期日及び無線設備の設置場所	すべての無線局
4	30 日	電波の型式，周波数及び空中線電力並びに移動範囲	すべての無線局

答え ▶▶▶ 3

2.13 無線局に関する情報の公表等

- 総務大臣は，無線局の免許又は登録をしたときは，総務省令で定めるものをインターネットの利用その他の方法により公表する.
- 総務大臣は，免許の申請等に資するため，周波数割当計画を作成し，これを公衆の閲覧に供するとともに，公示しなければならない.
- 総務大臣は，周波数割当計画の作成又は変更その他電波の有効利用に資する施策を総合的かつ計画的に推進するため，おおむね3年ごとに，無線局の数，無線局の行う無線通信の通信量，無線局の無線設備の使用の態様その他の電波の利用状況を把握するために必要な事項として総務省令で定める事項の調査を行う.

電波の有効利用促進のため，周波数割当計画の公示，電波の利用状況の調査を行います．また，免許された無線局の情報も公表されています.

2.13.1 無線局に関する情報の公表

電波法 第25条（無線局に関する情報の公表等）

総務大臣は，無線局の免許又は登録（以下「免許等」という.）をしたときは，総務省令で定める無線局を除き，その無線局の免許状又は登録状（以下「免許状等」という.）に記載された事項のうち総務省令で定めるものをインターネットの利用その他の方法により公表する.

2　前項の規定により公表する事項のほか，総務大臣は，**自己の無線局の開設又は周波数の変更をする**場合その他総務省令で定める場合に必要とされる**混信若しくはふくそう**に関する調査又は終了促進措置を行おうとする者の求めに応じ，当該調査又は当該終了促進措置を行うために必要な限度において，当該者に対し，無線局の**無線設備の工事設計**その他の無線局に関する事項に係る情報であって総務省令で定めるものを提供することができる.

3　前項の規定に基づき情報の提供を受けた者は，当該情報を同項の**調査又は終了促進措置の用に供する目的以外**の目的のために利用し，又は提供してはならない.

電波法施行規則　第11条の2の2（通信又はふくそうに関する調査を行おうとする場合）

電波法第25条第2項の総務省令で定める場合は，免許人又は電波法第8条の予備免許を受けた者が，次のいずれかの工事又は変更を行おうとする場合及び登録人（電波法第27条の23第1項に規定する登録人をいう.）が，(3）又は（6）の変更を行おうとする場合とする.

(1）工事設計の変更又は無線設備の変更の工事（第10条に規定する許可を要しない工事設計の変更等を除く.）
(2）通信の相手方の変更
(3）無線設備の設置場所又は無線設備を設置しようとする区域の変更
(4）放送区域の変更
(5）電波の型式の変更
(6）空中線電力の変更
(7）運用許容時間の変更

2.13.2 周波数の割当

電波法　第26条（周波数割当計画）

総務大臣は，免許の申請等に資するため，割り当てることが可能である周波数の表（以下「周波数割当計画」という.）を作成し，これを公衆の閲覧に供するとともに，公示しなければならない．これを変更したときも，同様とする.

2　周波数割当計画には，割当てを受けることができる無線局の範囲を明らかにするため，割り当てることが可能である周波数ごとに，次に掲げる事項を記載するものとする.

(1）無線局の行う無線通信の態様
(2）無線局の目的
(3）周波数の使用の期限その他の周波数の使用に関する条件
(4）電波法第27条の13第4項の規定により指定された周波数であるときは，その旨
(5）放送をする無線局に係る周波数にあっては，次に掲げる周波数の区分の別
　イ　放送をする無線局に専ら又は優先的に割り当てる周波数
　ロ　イに掲げる周波数以外のもの

電波法第27条の13第4項
：開設計画の認定

2.13.3 電波の利用状況の調査

電波法 第26条の2（電波の利用状況の調査等）

総務大臣は，**周波数割当計画**の作成又は変更その他電波の有効利用に資する施策を総合的かつ計画的に推進するため，おおむね3年ごとに，**総務省令で定めるところにより**，無線局の数，無線局の行う無線通信の通信量，無線局の無線設備の使用の態様その他の電波の利用状況を把握するために必要な事項として総務省令で定める事項の調査（以下この条において「利用状況調査」という.）を行うものとする.

2　総務大臣は，必要があると認めるときは，前項の期間の中間において，対象を限定して臨時の利用状況調査を行うことができる.

3　総務大臣は，利用状況調査の結果に基づき，電波に関する技術の発達及び需要の動向，周波数割当てに関する国際的動向その他の事情を勘案して，**電波の有効利用の程度**を評価するものとする.

4　総務大臣は，利用状況調査を行ったとき及び前項の規定により評価したときは，総務省令で定めるところにより，その結果の概要を**公表**するものとする.

5　総務大臣は，**周波数割当計画**を作成し，又は変更しようとする場合において必要があると認めるときは，総務省令で定めるところにより，当該**周波数割当計画**の作成又は変更が免許人等に及ぼす技術的及び経済的な影響を調査することができる.

6　総務大臣は，利用状況調査及び前項に規定する調査を行うため必要な限度において，免許人等に対し，必要な事項について**報告を求める**ことができる.

問題 23 ★★★ ➡ 2.12.1

次の記述は，無線局に関する事項に係る情報の提供について述べたものである．電波法（第 25 条）の規定に照らし，[　　]内に入れるべき最も適切な字句の組合せを下の 1 から 5 までのうちから一つ選べ．

① 総務大臣は，[A]場合その他総務省令で定める場合に必要とされる[B]に関する調査又は電波法第 27 条の 12（特定基地局の開設指針）第 2 項第 6 号に規定する終了促進措置を行おうとする者の求めに応じ，当該調査又は当該終了促進措置を行うために必要な限度において，当該者に対し，無線局の[C]その他の無線局に関する事項に係る情報であって総務省令で定めるものを提供することができる．

② ①に基づき情報の提供を受けた者は，当該情報を[D]の目的のために利用し，又は提供してはならない．

	A	B	C	D
1	自己の無線局の開設又は周波数の変更をする	混信若しくはふくそう	無線設備の工事設計	①の調査又は終了促進措置の用に供する目的以外
2	自己の無線局の開設又は周波数の変更をする	電波の利用状況	免許の有効期間	①の調査又は終了促進措置の用に供する目的以外
3	電波の能率的な利用に資する研究を行う	混信若しくはふくそう	免許の有効期間	第三者の利用
4	自己の無線局の開設又は周波数の変更をする	電波の利用状況	無線設備の工事設計	第三者の利用
5	電波の能率的な利用に資する研究を行う	電波の利用状況	無線設備の工事設計	第三者の利用

答え ▶▶▶ 1

問題 24 ★★★ ➡ 2.12.3

次の記述は，電波の利用状況の調査等について述べたものである．電波法（第26条の2）の規定に照らし，［　　］内に入れるべき最も適切な字句を下の1から10までのうちからそれぞれ一つ選べ．なお，同じ記号の［　　］内には，同じ字句が入るものとする．

① 総務大臣は，［ア］の作成又は変更その他電波の有効利用に資する施策を総合的かつ計画的に推進するため，総務省令で定めるところにより，無線局の数，無線局の行う無線通信の通信量，［イ］その他の電波の利用状況を把握するために必要な事項として総務省令で定める事項の調査（以下「利用状況調査」という．）を行うものとする．

② 総務大臣は，利用状況調査の結果に基づき，電波に関する技術の発達及び需要の動向，周波数割当てに関する国際的動向その他の事情を勘案して，［ウ］を評価するものとする．

③ 総務大臣は，利用状況調査を行ったとき，及び②により評価したときは，総務省令で定めるところにより，その結果の概要を［エ］するものとする．

④ 総務大臣は，②の評価の結果に基づき，［ア］を作成し，又は変更しようとする場合において，必要があると認めるときは，総務省令で定めるところにより，当該［ア］の作成又は変更が免許人等(注)に及ぼす技術的及び経済的な影響を調査することができる．

注：免許人又は登録人をいう．以下同じ．

⑤ 総務大臣は，利用状況調査及び④の調査を行うため必要な限度において，免許人等に対し，必要な事項について［オ］ことができる．

1 周波数割当計画
2 無線設備の技術基準
3 無線局の無線設備の使用の態様
4 無線局の運用の実態
5 5年以内に研究開発すべき技術の程度
6 電波の有効利用の程度
7 公表
8 調査の対象者に通知
9 報告を求める
10 検査を行う

答え▶▶▶ア－1，イ－3，ウ－6，エ－7，オ－9

出題傾向 下線の部分を穴埋めにした問題も出題されています．

3章

無線設備

この章から 6問 出題

【合格へのワンポイントアドバイス】

「電波型式の表示」,「電波の質の定義」,「空中線電力」,「送信設備の条件」,「受信設備と副次的に発する電波等」,「高圧電気に対する安全施設や電波の強度に対する安全施設などの付帯設備の条件」からはほぼ毎回出題されています.「空中線の型式、構成、指向特性」,「電力の定義」,「空中線の許容偏差」なども多く出題されています．本章で扱う内容は無線設備の根幹ともいえますので正確に理解してください.

3.1 無線設備

- 「無線設備」とは，無線電信，無線電話その他電波を送り，又は受けるための電気的設備をいう．
- 「無線設備」は，「送信設備」，「受信設備」，「空中線系」，「付帯設備」で構成される．

電波法 第2条（定義）〈抜粋〉

4 「無線設備」とは，無線電信，無線電話その他電波を送り，又は受けるための電気的設備をいう．

無線局は無線設備と無線設備を操作する者の総体ですので，無線設備は無線局を構成するのに必要不可欠です．

無線設備は，送信設備，受信設備，空中線系，付帯設備などで構成されています．送信設備は送信機などの送信装置で構成されています．受信設備は受信機などの受信装置で構成されています．空中線は送信用空中線や受信用空中線がありますが，送受信を一つの空中線で共用する場合もあります．もちろん，送信機や受信機と空中線を接続する給電線も必要になります．給電線には同軸ケーブルや導波管などがあります．付帯設備には，安全施設，保護装置，周波数測定装置などがあります．

無線設備は，免許を要する無線局はもちろん，免許を必要としない無線局も電波法で規定する技術的条件に適合するものでなければなりません．

本章では，電波の質の重要性，いろいろな種類の空中線電力，送信設備の条件，受信設備の条件，空中線系の条件，付帯設備の条件，人工衛星局の条件，各種放送局の送信設備の条件などを学習します．

通信の目的を達成するため，通信の妨害の排除などが円滑に行えるように，電波法令では無線設備に関する詳細な技術基準が設けられています．

3.2 電波の型式と周波数の表示

- 電波の型式の表示は，「主搬送波の変調の型式，主搬送波を変調する信号の性質，伝送情報の型式」の順に表示する．（例：A3E，F3E，J3E）
- 周波数の表示は「周波数帯の周波数の範囲」によって，kHz，MHz，GHz を使い分けて表示する．

3.2.1 電波の型式の表示

電波法施行規則　第4条の2（電波の型式の表示）〈一部改変〉

電波の主搬送波の変調の型式，主搬送波を変調する信号の性質及び伝送情報の型式は，**表 3.1**～**表 3.3** に掲げるように分類し，それぞれの記号をもって表示する．

■表 3.1　主搬送波の変調の型式を表す記号

主搬送波の変調の型式		記　号
(1) 無変調		N
(2) 振幅変調	両側波帯	A
	全搬送波による単側波帯	H
	低減搬送波による単側波帯	R
	抑圧搬送波による単側波帯	J
	独立側波帯	B
	残留側波帯	C
(3) 角度変調	周波数変調	F
	位相変調	G
(4) 同時に，又は一定の順序で振幅変調及び角度変調を行うもの		D
(5) パルス変調	無変調パルス列	P
	変調パルス列	
	ア　振幅変調	K
	イ　幅変調又は時間変調	L
	ウ　位置変調又は位相変調	M
	エ　パルスの期間中に搬送波を角度変調するもの	Q
	オ　アからエまでの各変調の組合せ又は他の方法によって変調するもの	V
(6) (1) から (5) までに該当しないものであって，同時に，又は一定の順序で振幅変調，角度変調又はパルス変調のうちの2以上を組み合わせて行うもの		W
その他のもの		X

■表 3.2　主搬送波を変調する信号の性質を表す記号

主搬送波を変調する信号の性質		記号
(1) 変調信号のないもの		0
(2) ディジタル信号である単一チャネルのもの	変調のための副搬送波を使用しないもの	1
	変調のための副搬送波を使用するもの	2
(3) アナログ信号である単一チャネルのもの		3
(4) ディジタル信号である2以上のチャネルのもの		7
(5) アナログ信号である2以上のチャネルのもの		8
(6) ディジタル信号の1又は2以上のチャネルとアナログ信号の1又は2以上のチャネルを複合したもの		9
(7) その他のもの		X

■表 3.3　伝送情報の型式を表す記号

伝送情報の型式		記号
(1) 無情報		N
(2) 電信	聴覚受信を目的とするもの	A
	自動受信を目的とするもの	B
(3) ファクシミリ		C
(4) データ伝送，遠隔測定又は遠隔指令		D
(5) 電話（音響の放送を含む.）		E
(6) テレビジョン（映像に限る.）		F
(7) (1) から (6) までの型式の組合せのもの		W
(8) その他のもの		X

電波の型式は，「主搬送波の変調の型式」，「主搬送波を変調する信号の性質」，「伝送情報の型式」の順序に従って表記する.

〈例〉
- 中波 AM ラジオ放送は「A3E」（両側波帯の振幅変調でアナログ信号の単一チャネルの電話）
- FM のアナログ式無線電話は「F3E」（周波数変調でアナログ信号の単一チャネルの電話）
- 短波帯で使用される無線電話は「J3E」（抑圧搬送波による単側波帯の振幅変調でアナログ信号の単一チャネルの電話）
- 地上波デジタルテレビジョン放送は「X7W」（複合デジタル信号によるその他の変調）

3.2.2 周波数の表示

電波法施行規則 第4条の3（周波数の表示）

電波の周波数は，3 000〔kHz〕以下のものは「kHz」，3 000〔kHz〕を超え3 000〔MHz〕以下のものは「MHz」，3 000〔MHz〕超え3 000〔GHz〕以下のものは「GHz」で表示する．ただし，周波数の使用上特に必要がある場合は，この表示方法によらないことができる．

2　電波のスペクトルは，その周波数の範囲に応じ，表3.4に掲げるように九つの周波数帯に区分する．

■表3.4　周波数帯の範囲と略称

周波数帯の周波数の範囲	周波数帯の番号	周波数帯の略称	メートルによる区分
3〔kHz〕を超え，30〔kHz〕以下	4	VLF	ミリアメートル波
30〔kHz〕を超え，300〔kHz〕以下	5	LF	キロメートル波
300〔kHz〕を超え，3 000〔kHz〕以下	6	MF	ヘクトメートル波
3〔MHz〕を超え，30〔MHz〕以下	7	HF	デカメートル波
30〔MHz〕を超え，300〔MHz〕以下	8	VHF	メートル波
300〔MHz〕を超え，3 000〔MHz〕以下	9	UHF	デシメートル波
3〔GHz〕を超え，30〔GHz〕以下	10	SHF	センチメートル波
30〔GHz〕を超え，300〔GHz〕以下	11	EHF	ミリメートル波
300〔GHz〕を超え，3 000〔GHz〕（又は3〔THz〕）以下	12		デシミリメートル波

問題 1 ★★★ ➡3.2

電波の型式の記号表示と主搬送波の変調の型式，主搬送波を変調する信号の性質及び伝送情報の型式に分類して表す電波の型式に関する次の事項のうち，電波法施行規則（第4条の2）の規定に照らし，電波の型式の記号表示とその内容が適合しないものはどれか．下の表の1から5までのうちから一つ選べ．

■表 3.5

番号＼区分	電波の型式の記号	電波の型式		
		主搬送波の変調の型式	主搬送波を変調する信号の性質	伝送情報の型式
1	P0N	パルス変調であって無変調パルス列	変調信号のないもの	無情報
2	G1B	角度変調であって位相変調	デジタル信号である単一チャネルのものであって，変調のための副搬送波を使用しないもの	電信（自動受信を目的とするもの）
3	X7W	同時に，又は一定の順序で振幅変調及び角度変調を行うもの	デジタル信号の1又は2以上のチャネルとアナログ信号の1又は2以上のチャネルを複合したもの	次の①から⑥までの型式の組合せのもの ① 無情報 ② 電信 ③ ファクシミリ ④ データ伝送，遠隔測定又は遠隔指令 ⑤ 電話（音響の放送を含む．） ⑥ テレビジョン（映像に限る．）
4	F2D	角度変調であって周波数変調	デジタル信号である単一チャネルのものであって，変調のための副搬送波を使用するもの	データ伝送，遠隔測定又は遠隔指令
5	J3E	振幅変調であって抑圧搬送波による単側波帯	アナログ信号である単一チャネルのもの	電話（音響の放送を含む．）

解説 3の「主搬送波の変調の型式」は，正しくは「その他のもの」，「主搬送波を変調する信号の性質」は，正しくは「デジタル信号である2以上のチャネルのもの」です．

答え▶▶▶3

以下の電波型式がよく出題されています．覚えておきましょう
C3F，D1D，D8E，F1B，F2D，F2F，F8E，F8W，F9W，G1B，G7W，G9W，J3E，J8E，P0N，R2C，R2F，V1B，V1D，X7W

問題 2 ★★★ ➡3.2

次の表の各欄の事項は，それぞれ電波の型式の記号表示と主搬送波の変調の型式，主搬送波を変調する信号の性質及び伝送情報の型式に分類して表す電波の型式を示すものである．電波法施行規則（第4条の2）の規定に照らし，電波の型式の記号表示とその内容が適合するものを下の表の1から5までのうちから一つ選べ．

■表 3.6

番号＼区分	電波の型式の記号	電波の型式		
		主搬送波の変調の型式	主搬送波を変調する信号の性質	伝送情報の型式
1	J3E	振幅変調であって低減搬送波による単側波帯	アナログ信号である単一チャネルのもの	電話（音響の放送を含む．）
2	P0N	パルス変調であって無変調パルス列	デジタル信号である2以上のチャネルのもの	無情報
3	F1B	角度変調であって周波数変調	デジタル信号である単一チャネルのものであって，変調のための副搬送波を使用しないもの	電信（自動受信を目的とするもの）
4	G7W	角度変調であって位相変調	デジタル信号の1又は2以上のチャネルとアナログ信号の1又は2以上のチャネルを複合したもの	次の①から⑥までの型式の組合せのもの ① 無情報 ② 電信 ③ ファクシミリ ④ データ伝送，遠隔測定又は遠隔指令 ⑤ 電話（音響の放送を含む．） ⑥ テレビジョン（映像に限る．）
5	F2D	角度変調であって周波数変調	デジタル信号である単一チャネルのものであって，変調のための副搬送波を使用するもの	テレビジョン（映像に限る．）

解説 誤っている選択肢は下記のようになります．

1 「主搬送波の変調の型式」の「振幅変調であって**低減**搬送波による単側波帯」は，正しくは「振幅変調であって**抑圧**搬送波による単側波帯」です．

2 「主搬送波を変調する信号の性質」の「**デジタル信号である 2 以上のチャネルの**もの」は，正しくは「**変調信号のない**もの」です．

4 「主搬送波を変調する信号の性質」の「デジタル信号**の 1 又は 2 以上のチャネルとアナログ信号の 1 又は 2 以上のチャネルを複合した**もの」は，正しくは「デジタル信号**である 2 以上のチャネルの**もの」です．

5 「伝送情報の型式」の「**テレビジョン（映像に限る.）**」は，正しくは「**データ伝送，遠隔測定又は遠隔指令**」です．

答え▶▶▶ 3

3.3 電波の質

●「電波の質」は，電波の周波数の偏差及び幅，高調波の強度などをいう．

電波法 第28条（電波の質）

送信設備に使用する電波の**周波数の偏差及び幅**，**高調波の強度等**電波の質は，総務省令 (*) で定めるところに適合するものでなければならない．

〔*無線設備規則第5条～第7条〕

3章

3.3.1 周波数の許容偏差

送信装置から発射される電波の周波数は変動しないことが理想的です．発射される電波の源は通常水晶発振器などの発振器で信号を発生させます．精密に製作された水晶発振器はもちろん，たとえ原子発振器であっても，時間が経過すると周波数はずれてくる性質があります．すなわち，発射している電波の周波数は偏差を伴っていることになります．これを電波の周波数の偏差といいます．

無線設備規則 第5条（周波数の許容偏差）

送信設備に使用する電波の周波数の許容偏差は，**表3.7**に定めるとおりとする．

電波法施行規則 第2条（定義）第1項〈抜粋〉

(59)「周波数の許容偏差」とは，発射によって占有する周波数帯の中央の周波数の割当周波数からの許容することができる最大の偏差又は発射の**特性周波数の基準周波数**からの許容することができる最大の偏差をいい，100万分率又はヘルツで表す．

電波法施行規則 第2条（定義）第1項〈抜粋〉

(56)「割当周波数」とは，無線局に割り当てられた周波数帯の中央の周波数をいう．

(57)「特性周波数」とは，与えられた発射において容易に識別し，かつ，測定することのできる周波数をいう．

特性周波数は，発射した電波の周波数を実際に測定したときの周波数．例えばA3E電波の場合は搬送波の周波数を特性周波数として周波数測定を行う．

(58)「基準周波数」とは，割当周波数に対して，固定し，かつ，特定した位置にある周波数をいう．この場合において，この周波数の割当周波数に対する偏位は，**特性周波数**が発射によって占有する周波数帯の中央の周波数に対してもつ偏位と同一の絶対値及び同一の符号をもつものとする．

基準周波数は周波数測定上便宜的に設定した理論的な値．J3E 電波のように搬送波が抑圧されている場合は低周波信号（例えば，1〔kHz〕）をマイク端子から入力し送信出力を測定する．USB の場合，測定結果から 1〔kHz〕を引いた値が搬送波の周波数であり基準周波数になる．

(60)「指定周波数帯」とは，その周波数帯の中央の周波数が割当周波数と一致し，かつ，その周波数帯幅が占有周波数帯幅の許容値と周波数の許容偏差の絶対値の 2 倍との和に等しい周波数帯をいう．

■表 3.7　周波数の許容偏差の表（無線設備規則別表第一号の抜粋）

周波数帯	無線局	周波数の許容偏差（Hz 以外は百万分率）
1　9〔kHz〕を超え 526.5〔kHz〕以下	無線測位局 標準周波数局	100 0.005
2　526.5〔kHz〕を超え 1 606.5〔kHz〕以下	地上基幹放送局	10〔Hz〕
3　1 606.5〔kHz〕を超え 4 000〔kHz〕以下	地上基幹放送局 固定局（200〔W〕以下のもの） 固定局（200〔W〕を超えるもの）	10〔Hz〕 100 50
4　4〔MHz〕を超え 29.7〔MHz〕以下	地上基幹放送局 固定局（500〔W〕以下のもの） 固定局（500〔W〕を超えるもの） アマチュア局	10〔Hz〕 20 10 500
5　29.7〔MHz〕を超え 100〔MHz〕以下	地上基幹放送局	20
6　100〔MHz〕を超え 470〔MHz〕以下	・地上基幹放送局 (1) 超短波放送のうちデジタル放送を行う地上基幹放送局 (2) その他の地上基幹放送局 ・コードレス電話の無線局及び小電力セキュリティシステムの無線局	 1〔Hz〕 500〔Hz〕 4
7　470〔MHz〕を超え 2 450〔MHz〕以下	・地上基幹放送局 ・地上一般放送局 ・時分割多元接続方式狭帯域デジタルコードレス電話の無線局	1〔Hz〕 1〔Hz〕 3

■表 3.7　つづき

周波数帯	無線局	周波数の許容偏差 (Hz 以外は百万分率)
8　2 450〔MHz〕を超え 10 500〔MHz〕以下	・固定局 (1) 100〔W〕以下のもの (2) 100〔W〕を超えるもの ・地球局及び宇宙局	 200 50 50
9　10.5〔GHz〕を超え 134〔GHz〕以下	・地球局及び宇宙局 ・無線測位局 (1) 車両感知用無線標定陸上局 (2) その他の無線測位局	100 800 5 000

3.3.2 占有周波数帯幅の許容値

送信装置から発射される電波は，情報を送るために変調されます．変調されると，周波数に幅をもつことになります．この幅は変調の方式によって変化します．一つの無線局が広い「周波数の幅」を占有することは，多くの無線局が電波を使用することができなくなることを意味するので，周波数の幅を必要最小限に抑える必要があります．

占有周波数帯幅は**図 3.1** に示すように，空中線電力の 99〔%〕が含まれる周波数の幅と定義されています．

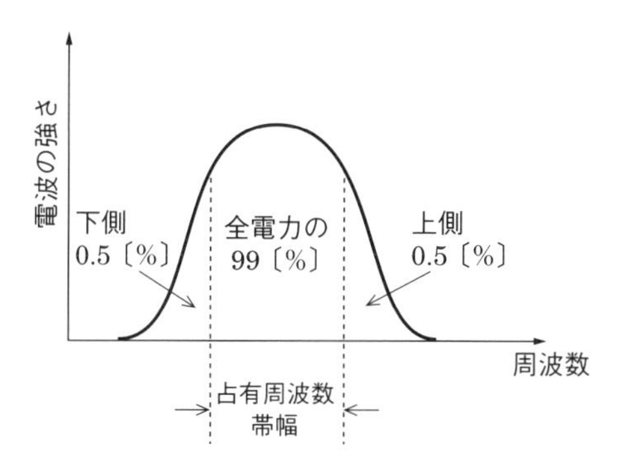

■図 3.1　占有周波数帯幅

無線設備規則　第 6 条（占有周波数帯幅の許容値）

発射電波に許容される**占有周波数帯幅の値**は，**表 3.8** に示すように定めるとおりとする．

電波法施行規則　第2条（定義）第1項〈抜粋〉

(61)「占有周波数帯幅」とは，その上限の周波数をこえて輻射され，及びその下限の周波数未満において輻射される平均電力がそれぞれ与えられた発射によって輻射される全平均電力の**0.5〔%〕**に等しい上限及び下限の周波数帯幅をいう．ただし，周波数分割多重方式の場合，テレビジョン伝送の場合等**0.5〔%〕**の比率が占有周波数帯幅及び必要周波数帯幅の定義を実際に適用することが困難な場合においては，異なる比率によることができる．

(62)「必要周波数帯幅」とは，与えられた発射の種別について，特定の条件のもとにおいて，使用される方式に必要な速度及び質で情報の伝送を確保するためにじゅうぶんな占有周波数帯幅の最小値をいう．この場合，低減搬送波方式の搬送波に相当する発射等受信装置の良好な動作に有用な発射は，これに含まれるものとする．

■表3.8　占有周波数帯幅の許容値（無線設備規則別表第二号の抜粋）

A1A	0.25〔kHz〕 0.5〔kHz〕	100〔kHz〕以下の周波数の電波を使用する無線局の無線設備 一般的な電信
A3E	8〔kHz〕 15〔kHz〕 6〔kHz〕	放送番組の伝送を内容とする国際電気通信業務の通信を行う無線局の無線設備 地上基幹放送局及び放送中継を行う無線局の無線設備 その他の無線局の無線設備（航空機用救命無線機を除く.）
F1B F1D	0.5〔kHz〕 16〔kHz〕	船舶局及び海岸局の無線設備で，デジタル選択呼出し，狭帯域直接印刷電信，印刷電信又はデータ伝送に使用するもの，ラジオ・ブイの無線設備 船舶自動識別装置，簡易型船舶自動識別装置及び捜索救助用位置指示送信装置
F3E	16〔kHz〕 200〔kHz〕	142〔MHz〕を超え162.0375〔MHz〕以下の周波数の電波を使用する無線局の無線設備 地上基幹放送局及び54〔MHz〕を超え585〔MHz〕以下の周波数の電波を使用して放送中継を行う固定局の無線設備
F8E	200〔kHz〕	地上基幹放送局及び54〔MHz〕を超え585〔MHz〕以下の周波数の電波を使用して放送中継を行う固定局の無線設備
F9W	200〔kHz〕	地上基幹放送局の無線設備
G7W	27〔MHz〕 34.5〔MHz〕	狭帯域衛星基幹放送局及び高度狭帯域衛星基幹放送局の無線設備 11.7〔GHz〕を超え12.2〔GHz〕以下の周波数の電波を使用する衛星基幹放送局並びに12.2〔GHz〕を超え12.75〔GHz〕以下の周波数の電波を使用する広帯域衛星基幹放送局又は高度広帯域衛星基幹放送局の無線設備
J3E	7.5〔kHz〕 3〔kHz〕	放送中継を行う固定局の無線設備 前項に該当しない無線局の無線設備（SSB音声通話）
X7W	5.7〔MHz〕	地上基幹放送局の無線設備（地上デジタルテレビジョン）

3.3.3 不要発射の強度の許容値

発射する電波は必然的に，電波の強度が弱いとはいえ，その周波数の2倍や3倍（これを高調波という）の周波数成分も発射していることになります．この「高調波の強度」が必要以上に強いと他の無線局に妨害を与えることになります．また，高調波成分だけでなく，周波数逓倍に伴う周波数や側波などの成分も同時に発射している可能性もあります．したがって，これらの「不要発射」について厳格な規制があります．

電波法施行規則 第2条（定義）第1項〈抜粋〉

(63) の3 「不要発射」とは，スプリアス発射及び帯域外発射をいう．

(63) 「スプリアス発射」とは，必要周波数帯外における1又は2以上の周波数の電波の発射であって，そのレベルを**情報の伝送に影響を与えないで低減**することができるものをいい，**高調波発射，低調波発射，寄生発射及び相互変調積**を含み，帯域外発射を含まないものとする．

(63) の2 「帯域外発射」とは，必要周波数帯に近接する周波数の電波の発射で情報の伝送のための変調の過程において生ずるものをいう．

(63) の4 「スプリアス領域」とは，帯域外領域の**外側**のスプリアス発射が支配的な周波数帯をいう．

(63) の5 「帯域外領域」とは，必要周波数帯の外側の帯域外発射が支配的な周波数帯をいう．

不要発射の周波数の範囲を図示したものを**図3.2**に示します．

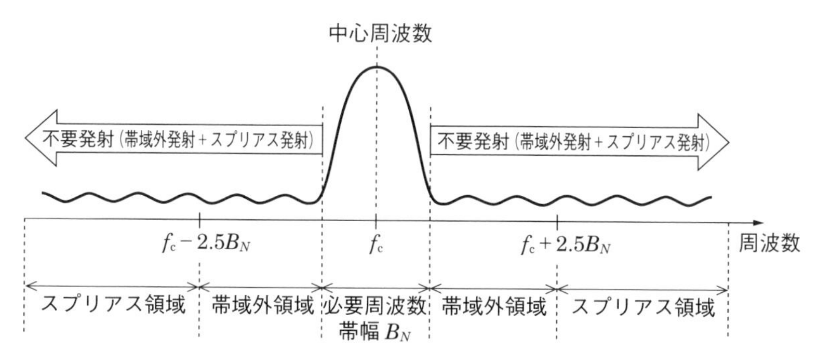

図3.2 不要発射の周波数の範囲

必要周波数帯幅 B_N の条件により帯域外領域とスプリアス領域の境界の周波数を決めています．例えば，中心周波数 f_c が 30〔MHz〕～1〔GHz〕の範囲の場合，必要周波数帯幅が 25〔kHz〕$\leqq B_N \leqq$ 10〔MHz〕のとき，帯域外領域及びスプリアス領域の境界の周波数は $f_c \pm 2.5B_N$ になります．

（無線設備規則別表第三号より抜粋）

無線設備規則　第7条（スプリアス発射又は不要発射の強度の許容値）

スプリアス発射又は不要発射の強度の許容値は，**表 3.9** に示すように定められているとおりとする．

表 3.9　スプリアス発射又は不要発射の強度の許容値例（無線設備規則別表第三号の抜粋）

基本周波数帯	空中線電力	帯域外領域におけるスプリアス発射の強度の許容値	スプリアス領域における不要発射の強度の許容値
30〔MHz〕以下	50〔W〕を超えるもの	50〔mW〕（船舶局及び船舶において使用する携帯局の送信設備にあっては，200〔mW〕）以下であり，かつ，基本周波数の平均電力より40〔dB〕低い値．ただし，単側波帯を使用する固定局及び陸上局（海岸局を除く．）の送信設備にあっては，50〔dB〕低い値	基本周波数の搬送波電力より60〔dB〕低い値
	5〔W〕を超え50〔W〕以下		50〔μW〕以下
	1〔W〕を超え5〔W〕以下		50〔μW〕以下．ただし，単側波帯を使用する固定局及び陸上局（海岸局を除く．）の送信設備にあっては，基本周波数の尖頭電力より50〔dB〕低い値
	1〔W〕以下	1〔mW〕以下	50〔μW〕以下
470〔MHz〕を超え960〔MHz〕以下	50〔W〕を超えるもの	20〔mW〕以下であり，かつ，基本周波数の平均電力より60〔dB〕低い値	50〔μW〕以下又は基本周波数の搬送波電力より70〔dB〕低い値
	25〔W〕を超え50〔W〕以下		基本周波数の搬送波電力より60〔dB〕低い値
	1〔W〕を超え25〔W〕以下	25〔μW〕以下	25〔μW〕以下
	1〔W〕以下	100〔μW〕以下	50〔μW〕以下
960〔MHz〕を超えるもの	10〔W〕を超えるもの	100〔mW〕以下であり，かつ，基本周波数の平均電力より50〔dB〕低い値	50〔μW〕以下又は基本周波数の搬送波電力より70〔dB〕低い値
	10〔W〕以下	100〔μW〕以下	50〔μW〕以下

注）(1)「スプリアス発射の強度の許容値」とは，無変調時において給電線に供給される周波数ごとのスプリアス発射の平均電力により規定される許容値をいう．

(2)「不要発射の強度の許容値」とは，変調時において給電線に供給される周波数ごとの不要発射の平均電力（無線測位業務を行う無線局，30〔MHz〕以下の周波数の電波を使用するアマチュア局及び単側波帯を使用する無線局（移動局又は30〔MHz〕以下の周波数の電波を使用する地上基幹放送局以外の無線局に限る．）の送信設備（実数零点単側波帯変調方式を用いるものを除く．）にあっては，尖頭電力）により規定される許容値をいう．ただし，別に定めがあるものについてはこの限りでない．

問題 3 ★★ ➡3.3.1

次の用語の定義のうち，電波法施行規則（第2条）の規定に照らし，この規定に定めるところに適合するものを1，この規定に定めるところに適合しないものを2として解答せよ．

ア 「割当周波数」とは，無線局に割り当てられた周波数帯の中央の周波数をいう．

イ 「特性周波数」とは，与えられた発射において容易に識別し，かつ，測定することのできる周波数をいう．

ウ 「基準周波数」とは，割当周波数に対して，固定し，かつ，特定した位置にある周波数であり，かつ，容易に識別し，測定することのできる周波数をいう．この場合において，この周波数の割当周波数に対する偏位は，割当周波数が発射によって占有する周波数帯の中央の周波数に対してもつ偏位と同一の絶対値及び同一の符号をもつものとする．

エ 「周波数の許容偏差」とは，発射によって占有する周波数帯の中央の周波数の割当周波数からの許容することができる最大の偏差又は発射の特性周波数の割当周波数からの許容することができる最大の偏差をいい，100万分率又はヘルツで表す．

オ 「占有周波数帯幅」とは，その上限の周波数をこえて輻射（ふくしゃ）され，及びその下限の周波数未満において輻射される平均電力がそれぞれ与えられた発射によって輻射される全平均電力の1〔%〕に等しい上限及び下限の周波数帯幅をいう．ただし，周波数分割多重方式の場合，テレビジョン伝送の場合等1〔%〕の比率が占有周波数帯幅及び必要周波数帯幅の定義を実際に適用することが困難な場合においては，異なる比率によることができる．

解説 ウ 「**割当周波数**が発射によって」ではなく，正しくは「**特性周波数**が発射によって」です．

エ 「特性周波数の**割当周波数**からの」ではなく，正しくは「特性周波数の**基準周波数**からの」です．

オ 「**1〔%〕**」ではなく，正しくは「**0.5〔%〕**」です．

答え▶▶▶ア－1，イ－1，ウ－2，エ－2，オ－2

3 章

問題 4 ★★ ➡3.3.1 ➡3.3.2 ➡3.3.3

次の記述は，周波数の許容偏差，占有周波数帯幅及びスプリアス発射の定義について述べたものである．電波法施行規則（第２条）の規定に照らし，[ ]内に入れるべき最も適切な字句の組合せを下の１から５までのうちから一つ選べ．なお，同じ記号の[ ]内には，同じ字句が入るものとする．

① 「周波数の許容偏差」とは，発射によって占有する周波数帯の中央の周波数の割当周波数からの許容することができる最大の偏差又は発射の[A]からの許容することができる最大の偏差をいい，百万分率又はヘルツで表す．

② 「占有周波数帯幅」とは，その上限の周波数を超えて輻（ふく）射され，及びその下限の周波数未満において輻（ふく）射される平均電力がそれぞれ与えられた発射によって輻（ふく）射される全平均電力の[B]に等しい上限及び下限の周波数帯幅をいう．ただし，周波数分割多重方式の場合，テレビジョン伝送の場合等[B]の比率が占有周波数帯幅及び必要周波数帯幅の定義を実際に適用することが困難な場合においては，異なる比率によることができる．

③ 「スプリアス発射」とは，必要周波数帯外における１又は２以上の周波数の電波の発射であって，そのレベルを情報の伝送に影響を与えないで[C]することができるものをいい，[D]を含み，帯域外発射を含まないものとする．

	A	B	C	D
1	特性周波数の基準周波数	1〔%〕	除去	高調波発射，低調波発射，寄生発射及び相互変調積
2	割当周波数の基準周波数	0.5〔%〕	除去	高調波発射，低調波発射，不要発射及び相互変調積
3	割当周波数の基準周波数	1〔%〕	低減	高調波発射，低調波発射，寄生発射及び相互変調積
4	特性周波数の基準周波数	1〔%〕	低減	高調波発射，低調波発射，不要発射及び相互変調積
5	特性周波数の基準周波数	0.5〔%〕	低減	高調波発射，低調波発射，寄生発射及び相互変調積

答え▶▶▶５

下線の部分を穴埋めにした問題も出題されています．

問題 5 ★★★ ➡3.3 ➡3.6.2

次の記述は，電波の質及び受信設備の条件について述べたものである．電波法（第28条及び第29条）及び無線設備規則（第5条から第7条まで及び第24条）の規定に照らし，［　］内に入れるべき最も適切な字句を下の1から10までのうちからそれぞれ一つ選べ．なお，同じ記号の［　］内には，同じ字句が入るものとする．

① 送信設備に使用する電波の［ア］電波の質は，総務省令で定める送信設備に使用する電波の周波数の許容偏差，発射電波に許容される［イ］及び［ウ］の強度の許容値に適合するものでなければならない．

② 受信設備は，その副次的に発する電波又は高周波電流が，総務省令で定める限度を超えて［エ］に支障を与えるものであってはならない．

③ ②に規定する副次的に発する電波が［エ］に支障を与えない限度は，受信空中線と電気的常数の等しい擬似空中線回路を使用して測定した場合に，その回路の電力が［オ］以下でなければならない．

④ 無線設備規則第24条（副次的に発する電波等の限度）第2項から第26項までの規定において，③に係らず別に定めのある場合は，その定めるところによるものとする．

1 周波数の偏差，幅及び安定度，高調波の強度等　2 帯域外発射
3 必要周波数帯幅の値　4 他の無線設備の機能
5 スプリアス発射又は不要発射　6 40〔nW〕
7 周波数の偏差及び幅，高調波の強度等　8 占有周波数帯幅の値
9 4〔nW〕　10 電気通信業務の用に供する無線設備の機能

解説 エ，オについては3.6.2項を参照して下さい．

答え▶▶▶ア－7，イ－8，ウ－5，エ－4，オ－9

3.4 空中線電力

- 空中線電力は「指定事項」の一つであり，「尖頭電力」，「平均電力」，「搬送波電力」，「規格電力」がある.
- 空中線電力の許容値は送信設備の用途ごとに定められている.

3.4.1 空中線電力とは

空中線電力とは送信機から給電線に供給される高周波の電力のことです.

所定の空中線電力が供給されていないと，無線局の目的が達せられないことがある反面，過大な空中線電力が供給されると，電波が強すぎて他の無線局に妨害を与える可能性があります．そこで，空中線電力の許容値は送信設備の用途ごとに定められています.

電波法施行規則　第2条（定義等）第1項〈抜粋〉

(68)「空中線電力」とは,「尖頭電力」,「平均電力」,「搬送波電力」又は「規格電力」をいう.

(69)「尖頭電力」とは，通常の動作状態において，変調包絡線の最高尖頭における無線周波数1サイクルの間に送信機から空中線系の給電線に供給される**平均の電力**をいう.

尖頭電力は次のように考えます．**図3.3**に変調包絡線の最高尖頭における無線周波数1サイクルを示しました．送信機を擬似空中線に接続して尖頭電圧を測定して求めることができます.

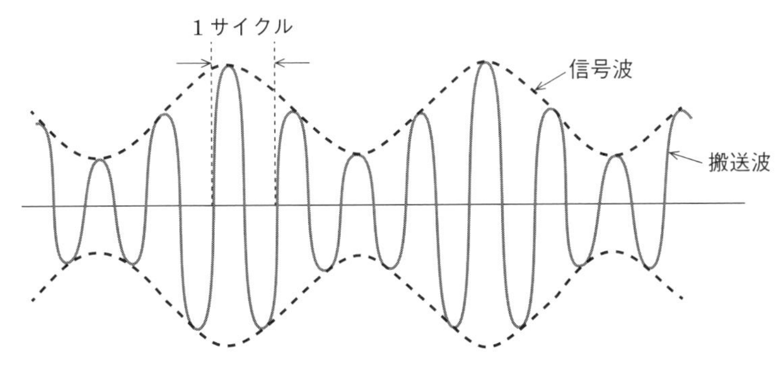

■図3.3　最高尖頭の1サイクル

電波法施行規則　第2条（定義等）第1項〈抜粋〉

（70）「平均電力」とは，通常の動作中の送信機から空中線系の給電線に供給される電力であって，変調において用いられる**最低周波数**の周期に比較してじゅうぶん長い時間（通常，平均の電力が**最大である約10分の1秒間**）にわたって平均されたものをいう.

電話の周波数は，300～3 400〔Hz〕である．例えば，変調において用いられる最低周波数を300〔Hz〕と仮定すると，その周期は約3.3〔ms〕となるので，100〔ms〕は十分長い時間と解釈できる.

（71）「搬送波電力」とは，**変調のない状態**における無線周波数1サイクルの間に送信機から空中線系の給電線に供給される**平均の電力**をいう．ただし，この定義は，パルス変調の発射には適用しない.

図3.4に，搬送波の周波数の1サイクルを示します．搬送波電力は無変調の場合の電力を意味します.

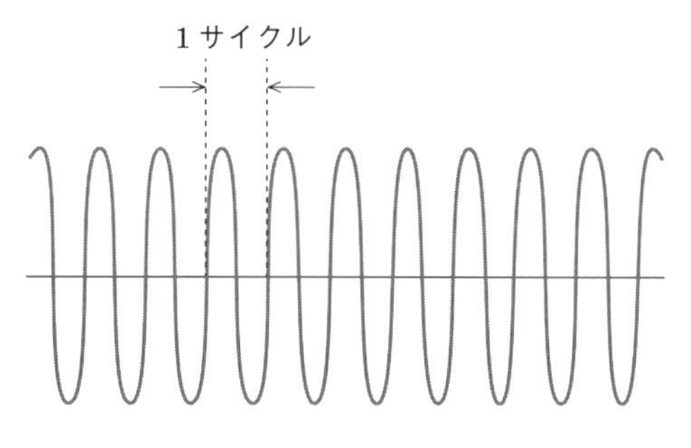

■図3.4　搬送波の1サイクル

電波法施行規則　第2条（定義等）第1項〈抜粋〉

（72）「規格電力」とは，終段真空管の使用状態における出力規格の値をいう.

例えば，送信機の電力増幅の終段真空管のプレートに印加されている電圧が1 000〔V〕で，電流が100〔mA〕，能率が50〔%〕の場合，1 000×0.1×0.5＝50〔W〕と計算する.

3.4.2 空中線電力の表示

電波法施行規則 第4条の4（空中線電力の表示）第1項

空中線電力は，電波の型式のうち主搬送波の変調の型式及び主搬送波を変調する信号の性質が**表3.10**の左欄に掲げる記号で表される電波を使用する送信設備について，それぞれ同表の右欄に掲げる電力をもって表示する．

3章

■表3.10 空中線電力の表示

記号		空中線電力
主搬送波の変調の型式	主搬送波を変調する信号の性質	
A	1	尖頭電力（pX）
	2	(1) 主搬送波を断続するものにあっては尖頭電力（pX） (2) その他のものにあっては平均電力（pY）
	3	(1) 地上基幹放送局（地上基幹放送試験局及び基幹放送を行う実用化試験局を含む.）の設備にあっては搬送波電力（pZ） (2) 衛星非常用位置指示無線標識，無線設備規則第45条の3の5に規定する無線設備，航空機用救命無線機又は航空機用携帯無線機であって，伝送情報の型式の記号がXであるものにあっては尖頭電力（pX） (3) その他のものにあっては平均電力（pY）
	7又はX	(1) 断続しない全搬送波を使用するものにあっては平均電力（pY） (2) その他のものにあっては尖頭電力（pX）
B	8又は9	平均電力（pY） 尖頭電力（pX）
C	3	(1) 地上基幹放送局の設備にあっては尖頭電力（pX） (2) 地上基幹放送局以外の無線局の設備にあっては平均電力（pY）
	7又はX	(1) 断続しない全搬送波を使用するものにあっては平均電力（pY） (2) その他のものにあっては尖頭電力（pX）
	8又は9	平均電力（pY）
D		(1) インマルサット船舶地球局のインマルサットF型，インマルサット携帯移動地球局のインマルサットミニM型，インマルサットF型及びインマルサットBGAN型並びに無線設備規則第58条の2の12においてその無線設備の条件が定められている固定局の無線設備にあっては平均電力（pY） (2) その他のものにあっては搬送波電力（pZ）

■表 3.10　つづき

記号		空中線電力
主搬送波の変調の型式	主搬送波を変調する信号の性質	
F		平均電力（pY）
G		平均電力（pY）
H		(1) 地上基幹放送局の設備にあっては尖頭電力（pX） (2) 地上基幹放送局以外の無線局の設備にあっては平均電力（pY）
J		尖頭電力（pX）
K		尖頭電力（pX）
L		尖頭電力（pX）
M		尖頭電力（pX）
N		平均電力（pY）
P		尖頭電力（pX）
R		尖頭電力（pX）
V		尖頭電力（pX）

電波法施行規則　第4条の4（空中線電力の表示）第2項〈抜粋・一部改変〉

(1) デジタル放送（F7W 電波及び G7W 電波を使用するものを除く.）を行う地上基幹放送局（地上基幹放送試験局及び基幹放送を行う実用化試験局を含む.）などの送信設備の空中線電力は，平均電力（pY）をもって表示する.

電波法施行規則　第4条の4（空中線電力の表示）第3項〈抜粋〉

3　実験試験局の送信設備などは，規格電力（pR）をもって表示する.

3.4.3 空中線電力の許容偏差

無線設備規則　第14条（空中線電力の許容偏差）第1項

空中線電力の許容偏差は，送信設備の区別に従い，**表 3.11** に示すとおりとする.

■表 3.11 空中線電力の許容偏差（無線設備規則第 14 条の一部掲載）

送信設備	許容偏差	
	上限〔%〕	下限〔%〕
1 地上基幹放送局の送信設備（2 の項に掲げるものを除く.）	**5**	**10**
2 短波放送（A3E 電波を使用するものを除く.），超短波放送，テレビジョン放送（2 の 2 の項に掲げるものを除く.），マルチメディア放送（移動受信用地上基幹放送に限る.），超短波多重放送又はテレビジョン多重放送を行う地上基幹放送局の送信設備	**10**	**20**
2 の 2 470〔MHz〕を超え 770〔MHz〕以下の周波数の電波を使用するテレビジョン放送のうちディジタル放送を行う地上基幹放送局であって，空中線電力が 0.5〔W〕以下の送信設備（複数波同時増幅器を使用する場合に限る.）	20	20
3 海岸局（3 の 2 の項に掲げるものを除く.），航空局又は船舶のための無線標識局の送信設備で 26.175〔MHz〕以下の周波数の電波を使用するもの	10	20
3 の 2 船舶自動識別装置及び簡易型船舶自動識別装置	40	30
4 次に掲げる送信設備 (1) 生存艇（救命艇及び救命いかだをいう. 以下同じ.）又は救命浮機の送信設備 (2) 双方向無線電話 (3) 船舶航空機間双方向無線電話	50	20
5 無線呼出局（電気通信業務を行うことを目的として開設するものに限る.）の送信設備	15	15
6 次に掲げる送信設備 (1) 170〔MHz〕を超え 470〔MHz〕以下の周波数の電波を使用する無線局の送信設備（無線設備規則第 49 条の 31 において無線設備の条件が定められている無線局の送信設備に限る.） (2) 470〔MHz〕を超える周波数の電波を使用する無線局の送信設備	50	50
7 次に掲げる送信設備 (1) 916.7〔MHz〕以上 920.9〔MHz〕以下の周波数の電波を使用する構内無線局の送信設備 (2) 915.9〔MHz〕以上 929.7〔MHz〕以下の周波数の電波を使用する特定小電力無線局の送信設備 (3) 2 400〔MHz〕以上 2 483.5〔MHz〕以下の周波数の電波を使用する特定小電力無線局の送信設備であって周波数ホッピング方式を用いるもの (4) 小電力データ通信システムの無線局の送信設備（5 470〔MHz〕を超え 5 725〔MHz〕以下の周波数の電波を使用するものを除く.） (5) 5〔GHz〕帯無線アクセスシステムの無線局の送信設備 (6) 920.5〔MHz〕以上 923.5〔MHz〕以下の周波数の電波を使用する簡易無線局の送信設備	**20**	**80**
8 次に掲げる送信設備 (1) アマチュア局の送信設備 (2) 142.93〔MHz〕を超え 142.99〔MHz〕以下，169.39〔MHz〕を超え 169.81〔MHz〕以下，312〔MHz〕を超え 315.25〔MHz〕以下又は 433.67〔MHz〕を超え 434.17〔MHz〕以下の周波数の電波を使用する特定小電力無線局の送信設備 (3) 超広帯域無線システムの無線局の送信設備	20	
17 次に掲げる送信設備 (1) 道路交通情報通信を行う無線局の送信設備 (2) 狭域通信システムの基地局の送信設備	20	50

以下略

無線設備規則 第14条（空中線電力の許容偏差）第2項

テレビジョン放送を行う地上基幹放送局の送信設備のうち，470〔MHz〕を超え710〔MHz〕以下の周波数の電波を使用するものであって，無線設備規則第14条第1項の規定を適用することが困難又は不合理であるため総務大臣が別に告示するものは，無線設備規則第14条第1項の規定に係らず，別に告示する技術的条件に適合するものでなければならない．

問題 6 ★★★ ➡3.4.1

次の記述は，空中線電力の定義について述べたものである．電波法施行規則（第2条）の規定に照らし，［　　］内に入れるべき最も適切な字句の組合せを下の1から5までのうちから一つ選べ．なお，同じ記号の［　　］内には，同じ字句が入るものとする．

① 「空中線電力」とは，尖(せん)頭電力，平均電力，搬送波電力又は規格電力をいう．
② 「尖(せん)頭電力」とは，通常の動作状態において，変調包絡線の最高尖(せん)頭における無線周波数1サイクルの間に送信機から空中線系の給電線に供給される［ A ］をいう．
③ 「平均電力」とは，通常の動作中の送信機から空中線系の給電線に供給される電力であって，変調において用いられる［ B ］の周期に比較してじゅうぶん長い時間（通常，平均の電力が［ C ］）にわたって平均されたものをいう．
④ 「搬送波電力」とは，［ D ］における無線周波数1サイクルの間に送信機から空中線系の給電線に供給される［ A ］をいう．ただし，この定義は，パルス変調の発射には適用しない．
⑤ 「規格電力」とは，終段真空管の使用状態における出力規格の値をいう．

	A	B	C	D
1	最大の電力	最高周波数	最大である約10分の1秒間	通常の動作状態
2	最大の電力	最低周波数	最大である約2分の1秒間	通常の動作状態
3	平均の電力	最高周波数	最大である約2分の1秒間	変調のない状態
4	最大の電力	最低周波数	最大である約10分の1秒間	通常の動作状態
5	平均の電力	最低周波数	最大である約10分の1秒間	変調のない状態

答え▶▶▶5

問題 7 ★★ ➡ 3.4.2

空中線電力の表示に関する次の記述のうち，電波法施行規則（第 4 条の 4）の規定に照らし，この規定に定めるところに適合しないものはどれか．下の 1 から 4 までのうちから一つ選べ．

1 電波の型式のうち主搬送波の変調の型式が「A」及び主搬送波を変調する信号の性質が「3」の記号で表される電波を使用する地上基幹放送局（注）の送信設備の空中線電力は，搬送波電力（pZ）をもって表示する．ただし，電波法施行規則第 4 条の 4 第 2 項及び第 3 項において，別段の定めのあるものは，その定めるところによる（以下 3 及び 4 において同じ．）．

注　地上基幹放送試験局及び基幹放送を行う実用化試験局を含む．以下 2 において同じ．

2 デジタル放送（F7W 電波及び G7W 電波を使用するものを除く．）を行う地上基幹放送局の送信設備の空中線電力は，平均電力（pY）をもって表示する．

3 電波の型式のうち主搬送波の変調の型式が「F」の記号で表される電波を使用する送信設備の空中線電力は，平均電力（pY）をもって表示する．

4 電波の型式のうち主搬送波の変調の型式が「G」の記号で表される電波を使用する送信設備の空中線電力は，尖頭電力（pX）をもって表示する．

解説 4「**尖頭電力（pX）**」ではなく，正しくは「**平均電力（pY）**」です．

答え ▶▶▶ 4

問題 8 ★★★ ➡3.4.3

送信設備の空中線電力の許容偏差に関する次の記述のうち，無線設備規則（第14条）の規定に照らし，この規定に定めるところに適合するものはどれか．下の1から4までのうちから一つ選べ．

1 中波放送を行う地上基幹放送局の送信設備の空中線電力の許容偏差は，上限10〔%〕，下限20〔%〕とする．

2 超短波放送を行う地上基幹放送局の送信設備の空中線電力の許容偏差は，上限20〔%〕，下限30〔%〕とする．

3 道路交通情報通信を行う無線局（2.5 GHz帯の周波数の電波を使用し，道路交通に関する情報を送信する特別業務の局をいう．）の送信設備の空中線電力の許容偏差は，上限20〔%〕，下限50〔%〕とする．

4 5GHz帯無線アクセスシステムの無線局の送信設備の空中線電力の許容偏差は，上限10〔%〕，下限20〔%〕とする．

解説 1 中波放送を行う地上基幹放送局の送信設備の空中線電力の許容偏差は，**上限5〔%〕，下限10〔%〕**です．

2 超短波放送を行う地上基幹放送局の送信設備の空中線電力の許容偏差は，**上限10〔%〕，下限20〔%〕**です．

4 5 GHz帯無線アクセスシステムの無線局の送信設備の空中線電力の許容偏差は，**上限20〔%〕，下限80〔%〕**です．

答え▶▶▶3

3.5 送信設備の一般的条件

- 送信設備は送信周波数の安定化が最重要事項である．電源電圧，負荷の変化により発振周波数に影響を与えないものでなければならない．周波数を許容偏差内に維持するため水晶発振子に条件がある．
- 送信用空中線は利得，能率が大で，かつ指向性が鋭く，整合が十分である必要がある．

3章

3.5.1 周波数安定のための条件

無線設備規則　第15条（周波数安定のための条件）

周波数をその**許容偏差**内に維持するため，送信装置は，できる限り**電源電圧又は負荷**の変化によって発振周波数に影響を与えないものでなければならない．

2　周波数をその許容偏差内に維持するため，発振回路の方式は，できる限り**外囲の温度若しくは湿度**の変化によって**影響を受けないもの**でなければならない．

3　移動局（移動する**アマチュア局**を含む．）の送信装置は，**実際上**起こり得る**振動又は衝撃**によっても周波数をその許容偏差内に維持するものでなければならない．

無線設備規則　第16条（周波数安定のための条件）

水晶発振回路に使用する水晶発振子は，周波数をその許容偏差内に維持するため，次の（1），（2）の条件に適合するものでなければならない．

（1）発振周波数が**当該送信装置の水晶発振回路により又はこれと同一の条件の回路**によりあらかじめ試験を行って決定されているものであること

（2）恒温槽を有する場合は，恒温槽は水晶発振子の**温度係数に応じてその温度変化の許容値を正確**に維持するものであること

関連知識　恒温槽付水晶発振器

周波数安定度を向上させるために動作温度範囲にわたって影響の大きい部品を恒温槽の中で温度制御することにより，高安定化した水晶発振器で，OCXO（Oven Controlled Crystal Oscillator）と呼ばれています．周波数安定度は，1×10^{-7}～1×10^{-9} 程度を得ることができます[8]．

3.5.2 通信速度

無線設備規則 第17条（通信速度）

手送電鍵操作による送信装置は，その操作の通信速度が25ボーにおいて安定に動作するものでなければならない．

2 前項の送信装置以外の送信装置は，その最高運用通信速度の10〔%〕増の通信速度において安定に動作するものでなければならない．

3 アマチュア局の送信装置は，前2項の規定に係らず，通常使用する通信速度でできる限り安定に動作するものでなければならない．

3.5.3 変　調

無線設備規則 第18条（変調）

送信装置は，**音声その他の周波数**によって搬送波を変調する場合には，**変調波の尖頭値**において（±）**100〔%〕**を超えない範囲に維持されるものでなければならない．

2 アマチュア局の送信装置は，通信に秘匿性を与える機能を有してはならない．

3.5.4 通信方式の条件

無線設備規則 第19条（通信方式の条件）

船舶局及び海岸局の無線電信であってその通信方式が単信方式のものは，ブレークイン式又はこれと同等以上の性能のものでなければならない．この場合において，ブレークインリレーを使用するものは，容易に予備のブレークインリレーに取り替えて使用することができるように設備しなければならない．ただし，26.175〔MHz〕を超える周波数の電波を使用する無線設備のブレークインリレーについては，この限りでない．

関連知識 ブレークイン式

電鍵を閉じているときは，ブレークインリレーが働いて空中線が送信機側に接続されて電波が発射され，電鍵が開いているときは，空中線が受信機に接続され受信機が受信状態となり，送信機が停止状態になる方式．

2　無線電話（アマチュア局のものを除く．）であってその通信方式が単信方式のものは，送信と受信との切換装置が一挙動切換式又はこれと同等以上の性能を有するものであり，かつ，船舶局のもの（手動切換えのものに限る．）については，当該切換装置の操作部分が当該無線電話のマイクロホン又は送受話器に装置してあるものでなければならない．

3　電気通信業務を行うことを目的とする無線電話局の無線設備であってその通信方式が複信方式のものは，ボーダス式又はこれと同等以上の性能のものでなければならない．ただし，近距離通信を行うものであって簡易なものについては，この限りでない．

関連知識　ボーダス式

無線電話回線に用いられる反響，鳴音防止装置のこと（vodas：voice operated device antisinging）．

4　電気通信業務を行うことを目的とする海上移動業務の無線局の無線電話の送信と受信との切換装置でその切換操作を音声により行うものは，別に告示する技術的条件に適合するものでなければならない．

3.5.5 送信空中線の型式及び構成等

無線設備規則　第20条（送信空中線の型式及び構成等）

送信空中線の型式及び構成は，次の（1）から（3）に適合するものでなければならない．

（1）空中線の**利得及び能率**がなるべく大であること

（2）**整合**が十分であること

（3）満足な**指向特性**が得られること

無線設備規則　第22条（送信空中線の型式及び構成等）

空中線の**指向特性**は，次の（1）から（4）に掲げる事項によって定める．

（1）主輻射方向及び副輻射方向

（2）**水平面**の**主輻射の角度の幅**

（3）空中線を設置する位置の近傍にあるものであって電波の伝わる方向を乱すもの

（4）**給電線**よりの輻射

3.5.6 空中線の利得等

電波法施行規則 第2条（定義）第1項〈抜粋〉

(74)「空中線の利得」とは，与えられた空中線の入力部に供給される電力に対する，与えられた方向において，同一の距離で同一の電界を生ずるために，基準空中線の入力部で必要とする電力の比をいう．この場合において，別段の定めがないときは，空中線の利得を表す数値は，主輻射の方向における利得を示す．

散乱伝搬を使用する業務においては，空中線の全利得は，実際上得られるとは限らず，また，見かけの利得は，時間によって変化することがある．

(75)「空中線の絶対利得」とは，基準空中線が空間に隔離された等方性空中線であるときの与えられた方向における空中線の利得をいう．

(76)「空中線の相対利得」とは，基準空中線が空間に隔離され，かつ，その垂直二等分面が与えられた方向を含む半波無損失ダイポールであるときの与えられた方向における空中線の利得をいう．

(77)「短小垂直空中線に対する利得」とは，基準空中線が，完全導体平面の上に置かれた，四分の一波長よりも非常に短い完全垂直空中線であるときの与えられた方向における空中線の利得をいう．

(78)「実効輻射電力」とは，空中線に供給される電力に，与えられた方向における空中線の**相対利得**を乗じたものをいう．

(78の2)「等価等方輻射電力」とは，空中線に供給される電力に，与えられた方向における空中線の**絶対利得**を乗じたものをいう．

3.5.7 人体における比吸収率の許容値

無線設備規則 第14条の2（人体における比吸収率の許容値）

携帯無線通信を行う**陸上移動局**，広帯域移動無線アクセスシステムの**陸上移動局**，非静止衛星（対地静止衛星（地球の赤道面上に円軌道を有し，かつ，地球の自転軸を軸として地球の自転と同一の方向及び周期で回転する人工衛星をいう.）以外の人工衛星をいう.）に開設する人工衛星局の中継により携帯移動衛星通信を行う携帯移動地球局，第49条の23の2に規定する携帯移動地球局及びインマルサット

携帯移動地球局（インマルサットGSPS型に限る．）の無線設備（以下「対象無線設備」という．）は，対象無線設備から発射される電波（対象無線設備又は同一の筐体に収められた他の無線設備（総務大臣が別に告示するものに限る．）から同時に複数の電波（以下「複数電波」という．）を発射する機能を有する場合にあっては，複数電波）の人体（頭部及び両手を除く．）における比吸収率（電磁界にさらされたことによって任意の生体組織10〔g〕が任意の6分間に吸収したエネルギーを10〔g〕で除し，更に6分で除して得た値をいう．）を毎kg当たり**2〔W〕**（四肢にあっては，毎kg当たり4〔W〕）以下とするものでなければならない．ただし，次に掲げる無線設備についてはこの限りでない．

(1) 対象無線設備から発射される電波の平均電力（複数電波を発射する機能を有する場合にあっては，当該機能により発射される複数電波の平均電力の和に相当する電力）が20〔mW〕以下の無線設備

(2) (1) に掲げるもののほか，この規定を適用することが不合理であるものとして総務大臣が別に告示する無線設備

2　対象無線設備（伝送情報が電話（音響の放送を含む．）のもの及び電話とその他の情報の組合せのものに限る．）は，当該対象無線設備から発射される電波（対象無線設備又は同一の筐体に収められた他の無線設備（総務大臣が別に告示するものに限る．）から同時に複数電波を発射する機能を有する場合にあっては，複数電波）の人体頭部における比吸収率を毎kg当たり2〔W〕以下とするものでなければならない．ただし，次に掲げる無線設備についてはこの限りではない．

(1) 対象無線設備から発射される電波の**平均電力**（複数電波を発射する機能を有する場合にあっては，当該機能により発射される複数電波の平均電力の和に相当する電力）が**20〔mW〕**以下の無線設備

(2) (1) に掲げるもののほか，この規定を適用することが不合理であるものとして総務大臣が別に告示する無線設備

3　前2項に規定する比吸収率の測定方法については，総務大臣が別に告示する．

インマルサットGSPS型とは，インマルサット衛星を用いた衛星携帯電話（GSPS：Global Satellite Phone Services）のこと．

問題 9 ★★★ ➡3.5.1

次の記述は，周波数の安定のための条件について述べたものである．無線設備規則（第 15 条）の規定に照らし，[　　]内に入れるべき最も適切な字句の組合せを下の 1 から 4 までのうちから一つ選べ．

① 周波数をその許容偏差内に維持するため，送信装置は，できる限り[A]の変化によって発振周波数に影響を与えないものでなければならない．

② 周波数をその許容偏差内に維持するため，発振回路の方式は，できる限り[B]の変化によって影響を受けないものでなければならない．

③ 移動局（移動するアマチュア局を含む．）の送信装置は，実際上起り得る[C]によっても周波数をその許容偏差内に維持するものでなければならない．

	A	B	C
1	外囲の温度又は湿度	電源電圧又は負荷	振動又は衝撃
2	電源電圧又は負荷	外囲の温度又は湿度	振動又は衝撃
3	電源電圧又は負荷	外囲の温度又は湿度	気圧の変化
4	外囲の温度又は湿度	電源電圧又は負荷	気圧の変化

答え▶▶▶ 2

出題傾向

下線の部分を穴埋めの字句とした問題も出題されています．また，正誤問題も頻繁に出題されています．また，誤っているものを選ぶ問題として，

×周波数をその許容偏差内に維持するため，発振回路の方式は，できる限り**気圧の変化によって発振周波数に影響を与えないものでなければならない．**

○周波数をその許容偏差内に維持するため，発振回路の方式は，できる限り**外囲の温度若しくは湿度の変化によって影響を受けないものでなければならない．**

などが出題されています．

問題 10 ★★★ ➡3.5.1

次の記述は，送信装置の水晶発振回路に使用する水晶発振子について述べたものである．無線設備規則（第 16 条）の規定に照らし，[　　]内に入れるべき最も適切な字句の組合せを下の 1 から 4 までのうちから一つ選べ．

水晶発振回路に使用する水晶発振子は，周波数をその[A]内に維持するため，次の（1）及び（2）の条件に適合するものでなければならない．

(1) 発振周波数が B によりあらかじめ試験を行って決定されているものであること.

(2) 恒温槽を有する場合は，恒温槽は水晶発振子の温度係数に C 維持するものであること.

	A	B	C
1	占有周波数帯幅の許容値	シンセサイザ方式の発振回路	応じてその温度変化の許容値を正確に
2	許容偏差	当該送信装置の水晶発振回路により又はこれと同一の条件の回路	応じてその温度変化の許容値を正確に
3	許容偏差	シンセサイザ方式の発振回路	かかわらず発振周波数を一定に
4	占有周波数帯幅の許容値	当該送信装置の水晶発振回路により又はこれと同一の条件の回路	かかわらず発振周波数を一定に

解説 恒温槽付水晶発振器は，周波数安定度を高めるために水晶発振器を構成する部品を恒温槽に入れて温度制御を行い，高安定化をはかった発振器です.

答え▶▶▶2

問題 11 ★ ➡3.5.1

次の記述は，送信装置の変調について述べたものである．無線設備規則（第 18 条）の規定に照らし，　　内に入れるべき最も適切な字句の組合せを下の 1 から 4 までのうちから一つ選べ.

① 送信装置は， A によって搬送波を変調する場合には， B において C をこえない範囲に維持されるものでなければならない.

② アマチュア局の送信装置は，通信に秘匿性を与える機能を有してはならない.

	A	B	C
1	音声その他の周波数	変調波の尖(せん)頭値	（±）100〔%〕
2	音声	信号波の平均値	（±）100〔%〕
3	音声その他の周波数	信号波の平均値	（±）85〔%〕
4	音声	変調波の尖(せん)頭値	（±）85〔%〕

答え▶▶▶1

問題 12 ★★★ ➡ 3.5.5

次の記述は，送信空中線の型式及び構成等について述べたものである．無線設備規則（第20条及び第22条）の規定に照らし，[　　]内に入れるべき最も適切な字句の組合せを下の1から5までのうちから一つ選べ．なお，同じ記号の[　　]内には，同じ字句が入るものとする．

① 送信空中線の型式及び構成は，次の（1）から（3）までに適合するものでなければならない．

（1）空中線の[A]がなるべく大であること．

（2）整合が十分であること．

（3）満足な[B]が得られること．

② 空中線の[B]は，次の（1）から（4）までに掲げる事項によって定める．

（1）主輻射方向及び副輻射方向

（2）[C]の主輻射の角度の幅

（3）空中線を設置する位置の近傍にあるものであって電波の伝わる方向を乱すもの

（4）[D]よりの輻射

	A	B	C	D
1	絶対利得	輻射特性	水平面	給電線
2	絶対利得	輻射特性	垂直面	送信装置
3	利得及び能率	指向特性	垂直面	給電線
4	利得及び能率	指向特性	水平面	給電線
5	利得及び能率	輻射特性	水平面	送信装置

答え▶▶▶ 4

出題傾向

下線の部分を穴埋めにした問題も出題されています．
また，正しいもの（誤っているもの）を選ぶ問題として① （1）～（3），② （1）～（4）が出題されていますので，これらは確実に覚えておきましょう．

問題 13 ★★ ➡3.5.6

空中線の利得等に関する次の用語の定義のうち，電波法施行規則（第2条）の規定に照らし，正しいものを1，誤っているものを2として解答せよ．

ア 「実効輻射電力」とは，空中線に供給される電力に，与えられた方向における空中線の絶対利得を乗じたものをいう．

イ 「等価等方輻射電力」とは，空中線に供給される電力に，与えられた方向における空中線の相対利得を乗じたものをいう．

ウ 「空中線の利得」とは，与えられた空中線の入力部に供給される電力に対する，与えられた方向において，同一の距離で同一の電界を生ずるために，基準空中線の入力部で必要とする電力の比をいう．この場合において，別段の定めがないときは，空中線の利得を表す数値は，主輻射の方向における利得を示す．

エ 「空中線の絶対利得」とは，基準空中線が空間に隔離された等方性空中線であるときの与えられた方向における空中線の利得をいう．

オ 「空中線の相対利得」とは，基準空中線が空間に隔離され，かつ垂直二等分面が与えられた方向を含む半波無損失ダイポールであるときの与えられた方向における空中線の利得をいう．

解説 ア 「**絶対**利得」ではなく，正しくは「**相対**利得」です．

イ 「**相対**利得」ではなく，正しくは「**絶対**利得」です．

答え▶▶▶ア－2，イ－2，ウ－1，エ－1，オ－1

問題 14 ★ ➡3.5.7

次の記述は，無線設備から発射される電波の人体における比吸収率の許容値について述べたものである．無線設備規則（第14条の2）の規定に照らし，［　　］内に入れるべき最も適切な字句の組合せを下の1から4までのうちから一つ選べ．なお，同じ記号の［　　］内には，同じ字句が入るものとする．

携帯無線通信を行う［ A ］，広帯域移動無線アクセスシステムの［ A ］，非静止衛星に開設する人工衛星局の中継により携帯移動衛星通信を行う携帯移動地球局，無線設備規則第49条の23の2（携帯移動衛星通信を行う無線局の無線設備）に規定する携帯移動地球局及びインマルサット携帯移動地球局（インマルサットGSPS型に限る.）の無線設備（以下「対象無線設備」という.）は，対象無線設備から発射される電波（対象無線設備又は同一の筐体に収められた他の無線設備（総務大臣が別に告示するものに限る.）から同時に複数の電波（以下「複数電波」という.）を発射する機能を有する場合にあっては，複数電波）の人体（頭部及び両手を除く.）における比吸収率（電磁界にさらされたことによって任意の生体組織10〔g〕が任意の6分間に吸収したエネルギーを10〔g〕で除し，さらに6分で除して得た値をいう.）を毎kg当たり［ B ］（四肢にあっては，毎kg当たり4〔W〕）以下とするものでなければならない．ただし，次の（1）（2）に掲げる無線設備についてはこの限りではない．

(1) 対象無線設備から発射される電波の平均電力（複数電波を発射する機能を有する場合にあっては，当該機能により発射される複数の電波の平均電力の和に相当する電力）の人体）が［ C ］

(2) (1) に掲げるもののほか，この規定を適用することが不合理であるものとして総務大臣が別に告示する無線設備

	A	B	C
1	陸上移動業務の無線局	5〔W〕	20〔mW〕以下の無線設備
2	陸上移動業務の無線局	2〔W〕	50〔mW〕以下の無線設備
3	陸上移動局	2〔W〕	20〔mW〕以下の無線設備
4	陸上移動局	5〔W〕	50〔mW〕以下の無線設備

答え▶▶▶3

出題傾向 下線の部分を穴埋めにした問題も出題されています．

3.6 受信設備の一般的条件

● 受信設備は，副次的に発する電波又は高周波電流が，総務省令で定める限度を超えて他の無線設備の機能に支障を与えるものであってはならない．

3.6.1 受信設備の条件

電波法 第 29 条（受信設備の条件）

受信設備は，その副次的に発する電波又は高周波電流が，総務省令で定める限度を超えて他の無線設備の機能に支障を与えるものであってはならない．

3.6.2 副次的に発する電波等の限度

無線設備規則 第 24 条（副次的に発する電波等の限度）第 1 項

電波法第 29 条に規定する副次的に発する電波が**他の無線設備の機能に支障**を与えない限度は，**受信空中線と電気的常数の等しい擬似空中線回路**を使用して測定した場合に，その回路の電力が **4〔nW〕** 以下でなければならない．

無線設備規則 第 24 条（副次的に発する電波等の限度）第 2 項〈抜粋〉

2　2 400〔MHz〕以上 2 483.5〔MHz〕以下の周波数の電波を使用する特定小電力無線局又は 2 425〔MHz〕を超え 2 475〔MHz〕以下の周波数の電波を使用する構内無線局であって周波数ホッピング方式を用いるもの及び小電力データ通信システムの無線局の受信装置については，前項の規定に係らず，それぞれ別に定めるとおりとする．

3.6.3 その他の条件

無線設備規則 第 25 条（その他の条件）

受信設備は，なるべく次の（1）から（4）に適合するものでなければならない．

（1）内部雑音が小さいこと

（2）感度が十分であること

（3）選択度が適正であること

（4）了解度が十分であること

3.6.4 受信空中線

無線設備規則 第26条（受信空中線）

送信空中線に関する規定は，受信空中線に準用する．

問題 15 ★★★ ➡3.6.1 ➡3.6.2

次の記述は，受信設備の条件について述べたものである．電波法（第29条）及び無線設備規則（第24条）の規定に照らし，［　　］内に入れるべき最も適切な字句を下の1から10までのうちからそれぞれ一つ選べ．なお，同じ記号の［　　］内には，同じ字句が入るものとする．

① 受信設備は，その副次的に発する電波又は高周波電流が，総務省令で定める限度をこえて他の［ア］の［イ］に支障を与えるものであってはならない．

② ①の副次的に発する電波が他の［ア］の［イ］に支障を与えない限度は，［ウ］と［エ］の等しい擬似空中線回路を使用して測定した場合に，その回路の電力が［オ］以下でなければならない．

③ 無線設備規則第24条（副次的に発する電波等の限度）の規定において，②にかかわらず別に定めのある場合は，その定めによるものとする．

1	無線設備	2	重要無線通信を行う無線局	3	運用
4	機能	5	受信空中線	6	受信装置
7	利得	8	電気的常数	9	4〔nW〕
10	4〔mW〕				

答え▶▶▶ア－1，イ－4，ウ－5，エ－8，オ－9

出題傾向 下線の部分を穴埋めにした問題も出題されています．

3.7 付帯設備の条件

- 無線設備には，人体に危害を及ぼし，又は物件に損傷を与えることがないように，総務省令で定める施設をしなければならない．
- 高圧電気は，高周波若しくは交流の電圧 300〔V〕又は直流の電圧 750〔V〕を超える電気をいう．

無線設備は，人に危害を与えたり，物件に損傷を与えないような施設をすることが求められます．また，安全性を確保するためにさまざまな規定があります．自局の発射する電波の周波数の監視のため，周波数測定装置を備え付けなければならない無線局もあります．

電波法　第 30 条（安全施設）

無線設備には，人体に危害を及ぼし，又は物件に損傷を与えることがないように，総務省令 (*) で定める施設をしなければならない．

〔＊電波法施行規則第 21 条の 2 ～第 27 条〕

電波法施行規則　第 21 条の 3（無線設備の安全性の確保）

無線設備は，破損，発火，発煙等により人体に危害を及ぼし，又は物件に損傷を与えることがあってはならない．

3.7.1 電波の強度に対する安全施設

電波法施行規則　第 21 条の 4（電波の強度に対する安全施設）〈抜粋〉

無線設備には，当該無線設備から発射される電波の強度（電界強度，磁界強度及び電力束密度をいう．）が所定の値を超える**場所（人が通常，集合し，通行し，その他出入りする場所に限る．）**に**取扱者**のほか容易に出入りすることができないように，施設をしなければならない．ただし，次の（1）から（4）に掲げる無線局の無線設備については，この限りではない．

（1）**平均電力**が **20〔mW〕**以下の無線局の無線設備

（2）**移動する無線局**の無線設備

（3）地震，台風，洪水，津波，雪害，火災，暴動その他非常の事態が発生し，又は発生するおそれがある場合において，臨時に開設する無線局の無線設備

（4）（1）～（3）に掲げるもののほか，この規定を適用することが不合理であるものとして総務大臣が別に告示する無線局の無線設備

3.7.2 高圧電気に対する安全施設

電波法施行規則 第22条（高圧電気に対する安全施設）

高圧電気（高周波若しくは交流の電圧 300〔V〕又は直流の電圧 750〔V〕を超える電気をいう．）を使用する電動発電機，変圧器，ろ波器，整流器その他の機器は，外部より容易にふれることができないように，絶縁しゃへい体又は接地された金属しゃへい体の内に収容しなければならない．ただし，**取扱者**のほか出入できないように設備した場所に装置する場合は，この限りでない．

電波法施行規則 第23条（高圧電気に対する安全施設）

送信設備の各単位装置相互間をつなぐ電線であって高圧電気を通ずるものは，線溝若しくは丈夫な絶縁体又は**接地された金属しゃへい体**の内に収容しなければならない．ただし，**取扱者**のほか出入できないように設備した場所に装置する場合は，この限りでない．

電波法施行規則 第24条（高圧電気に対する安全施設）

送信設備の調整盤又は外箱から露出する電線に高圧電気を通ずる場合においては，その電線が絶縁されているときであっても，電気設備に関する技術基準を定める省令の規定するところに準じて保護しなければならない．

電波法施行規則 第25条（高圧電気に対する安全施設）

送信設備の**空中線，給電線若しくはカウンターポイズ**であって高圧電気を通ずるものは，その高さが人の歩行その他起居する平面から **2.5〔m〕**以上のものでなければならない．ただし，次の（1），（2）の場合は，この限りでない．

（1）**2.5〔m〕**に満たない高さの部分が，**人体に容易にふれない**構造である場合又は人体が容易にふれない位置にある場合

（2）移動局であって，その移動体の構造上困難であり，且つ，**無線従事者**以外の者が出入しない場所にある場合

3.7.3 空中線等の保安施設

電波法施行規則 第26条（空中線等の保安施設）

無線設備の空中線系には避雷器又は接地装置を，また，カウンターポイズには接地装置をそれぞれ設けなければならない．ただし，26.175〔MHz〕を超える周波数を使用する無線局の無線設備及び陸上移動局又は携帯局の無線設備の空中線については，この限りではない．

関連知識 カウンターポイズ

空中線を岩盤の上など，接地することが困難な場所に設置せざるを得ない場合に地上2～3〔m〕程度のところに空中線の水平部分と平行に電線を大地と絶縁して張ること．電線と大地との間の静電容量を通して接地されます．

3.7.4 無線設備の保護装置

無線設備規則 第8条（電源回路のしゃ断等）

真空管に使用する水冷装置には，冷却水の異状に対する警報装置又は電源回路の自動しゃ断器を装置しなければならない．

2　陽極損失1〔kW〕以上の真空管に使用する強制空冷装置には，送風の異状に対する警報装置又は電源回路の自動しゃ断器を装置しなければならない．

無線設備規則 第9条（電源回路のしゃ断等）

無線設備規則第8条に規定するものの外，無線設備の電源回路には，**ヒューズ又は自動しゃ断器**を装置しなければならない．ただし，**負荷電力10〔W〕以下**のものについては，この限りではない．

3.7.5 周波数測定装置の備付け

電波法 第31条（周波数測定装置の備付け）

総務省令（*）で定める送信設備には，その誤差が使用周波数の**許容偏差の2分の1以下**である周波数測定装置を備え付けなければならない．

〔*電波法施行規則第11条の3〕

電波法施行規則　第11条の3（周波数測定装置の備付け）

周波数測定装置を備え付けなければならない送信設備は，次の（1）から（8）に掲げる送信設備以外のものとする．

（1）**26.175〔MHz〕を超える周波数**の電波を利用するもの

（2）**空中線電力10〔W〕以下**のもの

（3）電波法第31条に規定する周波数測定装置を備え付けている**相手方の無線局**によってその使用電波の周波数が測定されることとなっているもの

（4）当該送信設備の無線局の免許人が別に備え付けた電波法第31条に規定する周波数測定装置をもってその使用電波の周波数を随時測定し得るもの

（5）**基幹放送局**の送信設備であって，空中線電力**50〔W〕以下**のもの

（6）**標準周波数局**において使用されるもの

（7）アマチュア局の送信設備であって，当該設備から発射される電波の特性周波数を0.025〔%〕以内の誤差で測定することにより，その電波の占有する周波数帯幅が，当該無線局が動作することを許される周波数帯内にあることを確認することができる装置を備え付けているもの

（8）その他総務大臣が別に告示するもの

無線局運用規則　第4条（周波数の測定）

電波法第31条の規定により周波数測定装置を備えつけた無線局は，できる限りしばしば自局の発射する電波の周波数（電波法施行規則第11条の3の（3）に該当する送信設備の使用電波の周波数を測定することとなっている無線局であるときは，それらの周波数を含む．）を測定しなければならない．

2　電波法施行規則第11条の3（4）の規定による送信設備を有する無線局は，別に備えつけた電波法第31条の周波数測定装置により，できる限りしばしば当該送信設備の発射する電波の周波数を測定しなければならない．

3　前2項の測定の結果，その偏差が許容値をこえるときは，直ちに調整して許容値内に保たなければならない．

4　第1項及び第2項の無線局は，その周波数測定装置を常時電波法第31条に規定する確度を保つように較正しておかなければならない．

問題 16 ★★★ ➡3.7.1

次の記述は，無線設備から発射される電波の強度（電界強度，磁界強度，電力束密度及び磁束密度をいう.）に対する安全施設について述べたものである．電波法施行規則（第21条の3）の規定に照らし，[　　]内に入れるべき最も適切な字句の組合せを下の1から5までのうちから一つ選べ．

無線設備には，当該無線設備から発射される電波の強度が電波法施行規則別表第2号の3の2（電波の強度の値の表）に定める値を超える[A]に[B]のほか容易に出入りすることができないように，施設をしなければならない．ただし，次の（1）から（3）までに掲げる無線局の無線設備については，この限りでない．

（1）平均電力が[C]以下の無線局の無線設備

（2）[D]の無線設備

（3）電波法施行規則第21条の3（電波の強度に対する安全施設）第1項第3号又は第4号に定める無線局の無線設備

	A	B	C	D
1	場所（人が通常，集合し，通行し，その他出入りする場所に限る.）	無線従事者	10〔mW〕	移動業務の無線局
2	場所（人が出入りするおそれのあるいかなる場所も含む.）	無線従事者	20〔mW〕	移動する無線局
3	場所（人が出入りするおそれのあるいかなる場所も含む.）	取扱者	10〔mW〕	移動する無線局
4	場所（人が出入りするおそれのあるいかなる場所も含む.）	無線従事者	20〔mW〕	移動業務の無線局
5	場所（人が通常，集合し，通行し，その他出入りする場所に限る.）	取扱者	20〔mW〕	移動する無線局

答え▶▶▶5

下線の部分を穴埋めにした問題も出題されています．

問題 17 ★★★ ➡3.7.2

次の記述は，高圧電気（高周波若しくは交流の電圧 300〔V〕又は直流の電圧 750〔V〕を超える電気をいう.）に対する安全施設について述べたものである．電波法施行規則（第 23 条及び第 25 条）の規定に照らし，[　　]内に入れるべき最も適切な字句の組合せを下の 1 から 5 までのうちから一つ選べ．なお，同じ記号の[　　]内には，同じ字句が入るものとする．

① 送信設備の各単位装置相互間をつなぐ電線であって高圧電気を通ずるものは，線溝若しくは丈夫な絶縁体又は接地された金属しゃへい体の内に収容しなければならない．ただし，[A]のほか出入できないように設備した場所に装置する場合は，この限りでない．

② 送信設備の空中線，給電線又はカウンターポイズであって高圧電気を通ずるものは，その高さが人の歩行その他起居する平面から[B]以上のものでなければならない．ただし，次の（1）又は（2）の場合は，この限りでない．

(1) [B]に満たない高さの部分が，[C]構造である場合又は人体が容易にふれない位置にある場合

(2) 移動局であって，その移動体の構造上困難であり，かつ，[D]以外の者が出入しない場所にある場合

	A	B	C	D
1	無線従事者	2.5〔m〕	人体に容易にふれない	取扱者
2	取扱者	3.5〔m〕	絶縁された	無線従事者
3	無線従事者	3.5〔m〕	人体に容易にふれない	取扱者
4	取扱者	2.5〔m〕	人体に容易にふれない	無線従事者
5	取扱者	2.5〔m〕	絶縁された	無線従事者

答え▶▶▶4

出題傾向 下線の部分を穴埋めにした問題も出題されています．

問題 18 ★★★ ➡3.7.3

次の記述は，空中線等の保安施設について述べたものである．電波法施行規則（第26条）の規定に照らし，［　　］内に入れるべき最も適切な字句の組合せを下の1から4までのうちから一つ選べ．

無線設備の空中線系には［ A ］を，また，カウンターポイズには接地装置をそれぞれ設けなければならない．ただし，［ B ］周波数を使用する無線局の無線設備及び［ C ］の無線設備の空中線については，この限りでない．

	A	B	C
1	避雷器又は接地装置	26.175〔MHz〕を超える	陸上移動局又は携帯局
2	避雷器又は接地装置	26.175〔MHz〕以下の	陸上移動業務又は携帯移動業務の無線局
3	避雷器	26.175〔MHz〕を超える	陸上移動業務又は携帯移動業務の無線局
4	避雷器	26.175〔MHz〕以下の	陸上移動局又は携帯局

答え▶▶▶ 1

問題 19 ★ ➡3.7.4

次の記述は，無線設備の保護装置について述べたものである．無線設備規則（第9条）の規定に照らし，［　　］内に入れるべき最も適切な字句の組合せを下の1から4までのうちから一つ選べ．

無線設備の電源回路には，［ A ］を装置しなければならない．ただし，［ B ］以下のものについては，この限りでない．

	A	B
1	ヒューズ又は自動しゃ断器	負荷電力10〔W〕
2	ヒューズ又は電流の異状に対する警報装置	負荷電力50〔W〕
3	ヒューズ又は電流の異状に対する警報装置	負荷電力10〔W〕
4	ヒューズ又は自動しゃ断器	負荷電力50〔W〕

答え▶▶▶ 1

問題 20 ★★★ ➡3.7.5

周波数測定装置の備付けに関する次の記述のうち，電波法（第31条及び第37条）及び電波法施行規則（第11条の3）の規定に照らし，これらの規定に定めるところに適合しないものはどれか．下の1から5までのうちから一つ選べ．

1 総務省令で定める送信設備には，その誤差が使用周波数の許容偏差の2分の1以下である周波数測定装置を備え付けなければならない．

2 基幹放送局の送信設備であって，空中線電力50〔W〕以下のものには，電波法第31条（周波数測定装置の備付け）に規定する周波数測定装置の備付けを要しない．

3 26.175〔MHz〕を超える周波数の電波を利用する送信設備には，電波法第31条（周波数測定装置の備付け）に規定する周波数測定装置を備え付けなければならない．

4 空中線電力10〔W〕以下の送信設備には，電波法第31条（周波数測定装置の備付け）に規定する周波数測定装置の備付けを要しない．

5 電波法第31条（周波数測定装置の備付け）の規定により備え付けなければならない周波数測定装置は，その型式について，総務大臣の行う検定に合格したものでなければ，施設してはならない．ただし，総務大臣が行う検定に相当する型式検定に合格している機器その他の機器であって総務省令で定めるものを施設する場合は，この限りでない．

解説 3「周波数測定装置**を備え付けなければならない**」ではなく，正しくは「周波数測定装置**の備付けを要しない**」です．

答え▶▶▶3

出題傾向 穴埋めの問題も出題されています．3.7.5項の太字の部分は覚えておきましょう．

問題 21 ★★★ ➡3.7.5

周波数の測定等に関する次の記述のうち，電波法（第 31 条）及び無線局運用規則（第 4 条）の規定に照らし，これらの規定に定めるところに適合しないものはどれか．下の 1 から 4 までのうちから一つ選べ．

1 電波法第 31 条の規定により周波数測定装置を備えつけた無線局は，できる限りしばしば自局の発射する電波の周波数（電波法施行規則第 11 条の 3 第 3 号に該当する送信設備の使用電波の周波数を測定することとなっている無線局であるときは，それらの周波数を含む．）を測定しなければならない．

2 電波法第 31 条の規定により周波数測定装置を備えつけた無線局は，その周波数測定装置を常時電波法第 31 条に規定する確度を保つように較正しておかなければならない．

3 無線局は，発射する電波の周波数の偏差を測定した結果，その偏差が許容値を超えるときは，直ちに調整して許容値内に保つとともに，その事実及び措置の内容を総務大臣又は総合通信局長（沖縄総合通信事務所長を含む．）に報告しなければならない．

4 総務省令で定める送信設備には，その誤差が使用周波数の許容偏差の 2 分の 1 以下である周波数測定装置を備えつけなければならない．

解説 3「…許容値内に**保つとともに，その事実及び措置の内容を総務大臣又は総合通信局長（沖縄総合通信事務所長を含む．）に報告しなければ**ならない」ではなく，正しくは「…許容値内に**保たなければ**ならない」です．なお，1 と 2 は無線局運用規則（第 4 条）に，4 は電波法（第 31 条）に規定されています．

答え▶▶▶ 3

3.8 人工衛星局の無線設備の条件

● 静止衛星は，地球の自転方向と同じ方向に同じ速度で回っている衛星であるので静止して見える．赤道上高度約 35,800〔km〕のところにあり，気象衛星（運輸多目的衛星），放送衛星などがある．

3.8.1 人工衛星局の条件

人工衛星局の条件は次のように規定されています．

電波法 第 36 条の 2（人工衛星局の条件）

人工衛星局の無線設備は，遠隔操作により電波の発射を直ちに停止することのできるものでなければならない．

2　人工衛星局は，その無線設備の設置場所を遠隔操作により変更することができるものでなければならない．ただし，総務省令で定める人工衛星局については，この限りではない．

電波法第 36 条の 2 第 2 項のただし書きの総務省令で定める人工衛星局は，「対地静止衛星に開設する人工衛星局以外の人工衛星局」のこと．

〔電波法施行規則第 32 条の 5〕

3.8.2 人工衛星局の位置の維持

人工衛星局の位置の維持については次のように規定されています．

電波法施行規則 第 32 条の 4（人工衛星局の位置の維持）

対地静止衛星に開設する人工衛星局（実験試験局を除く．）であって，固定地点の地球局相互間の無線通信の中継を行うものは，公称されている位置から経度の（±）0.1 度以内にその位置を維持することができるものでなければならない．

2　対地静止衛星に開設する人工衛星局（一般公衆によって直接受信されるための無線電話，テレビジョン，データ伝送又はファクシミリによる無線通信業務を行うことを目的とするものに限る．）は，公称されている位置から緯度及び経度のそれぞれ（±）0.1 度以内にその位置を維持することができるものでなければならない．

3　対地静止衛星に開設する人工衛星局であって，前2項の人工衛星局以外のものは，公称されている位置から経度の（±）0.5度以内にその位置を維持することができるものでなければならない.

3.8.3 人工衛星局の送信空中線の指向方向

人工衛星局の送信空中線の指向方向については次のような規定があります.

電波法施行規則　第32条の3（人工衛星局の送信空中線の指向方向）

対地静止衛星に開設する人工衛星局（一般公衆によって直接受信されるための無線電話，テレビジョン，データ伝送又はファクシミリによる無線通信業務を行うことを目的とするものを除く.）の送信空中線の地球に対する**最大輻射**の方向は，公称されている指向方向に対して，**0.3度又は主輻射の角度の幅の10〔%〕**のいずれか大きい角度の範囲内に，維持されなければならない.

2　対地静止衛星に開設する人工衛星局（一般公衆によって直接受信されるための無線電話，テレビジョン，データ伝送又はファクシミリによる無線通信業務を行うことを目的とするものに限る.）の送信空中線の地球に対する**最大輻射**の方向は，公称されている指向方向に対して**0.1度**の範囲内に維持されなければならない.

3章

3.8.4 地球局の送信空中線の最大輻射の方向の仰角

人工衛星局と通信を行う地球局の送信空中線の最大輻射の方向の仰角は次のような規定があります.

電波法施行規則　第32条（地球局の送信空中線の最小仰角）

地球局（宇宙無線通信を行う実験試験局を含む.）の送信空中線の**最大輻射**の方向の仰角の値は，次の（1）～（3）に掲げる場合においてそれぞれに規定する値でなければならない.

（1）深宇宙（地球からの距離が**200万〔km〕**以上である宇宙をいう.）に係る宇宙研究業務（科学又は技術に関する研究又は調査のための宇宙無線通信の業務をいう.）を行うとき　**10度**以上

（2）（1）の宇宙研究業務以外の宇宙研究業務を行うとき　**5度**以上

（3）宇宙研究業務以外の宇宙無線通信の業務を行うとき　**3度**以上

問題 22 ★★★ ➡3.8.2 ➡3.8.3

次の記述は，人工衛星局の無線設備の条件等について述べたものである．電波法（第36条の2）及び電波法施行規則（第32条の4及び第32条の5）の規定に照らし，［　　］内に入れるべき最も適切な字句の組合せを下の1から5までのうちから一つ選べ．

① ［ A ］の無線設備は，遠隔操作により電波の発射を直ちに停止することのできるものでなければならない．

② 対地静止衛星に開設する人工衛星局（実験試験局を除く．）であって，固定地点の地球局相互間の無線通信の中継を行うものは，公称されている位置から［ B ］にその位置を維持することができるものでなければならない．

③ 人工衛星局は，その無線設備の［ C ］ことができるものでなければならない．ただし，総務省令で定める人工衛星局については，この限りでない．

④ ③のただし書の総務省令で定める人工衛星局は，対地静止衛星に開設する［ D ］とする．

	A	B	C	D
1	人工衛星局	経度の（±）0.1度以内	設置場所を遠隔操作により変更する	人工衛星局以外の人工衛星局
2	人工衛星局	緯度及び経度のそれぞれ（±）0.5度以内	周波数及び空中線電力を遠隔操作により変更する	人工衛星局以外の人工衛星局
3	人工衛星局（対地静止衛星に開設するものに限る．）	経度の（±）0.1度以内	周波数及び空中線電力を遠隔操作により変更する	人工衛星局
4	人工衛星局（対地静止衛星に開設するものに限る．）	緯度及び経度のそれぞれ（±）0.5度以内	設置場所を遠隔操作により変更する	人工衛星局
5	人工衛星局（対地静止衛星に開設するものに限る．）	経度の（±）0.1度以内	周波数及び空中線電力を遠隔操作により変更する	人工衛星局以外の人工衛星

答え▶▶▶1

下線の部分を穴埋めにした問題も出題されています．

問題 23 ★★★ ➡3.8.3

次の記述は，人工衛星局の送信空中線の指向方向について述べたものである．電波法施行規則（第32条の3）の規定に照らし，[　　]内に入れるべき最も適切な字句の組合せを下の1から4までのうちから一つ選べ．なお，同じ記号の[　　]内には，同じ字句が入るものとする．

① 対地静止衛星に開設する人工衛星局（一般公衆によって直接受信されるための無線電話，テレビジョン，データ伝送又はファクシミリによる無線通信業務を行うことを目的とするものを除く．）の送信空中線の地球に対する[A]の方向は，公称されている指向方向に対して，[B]のいずれか大きい角度の範囲内に，維持されなければならない．

② 対地静止衛星に開設する人工衛星局（一般公衆によって直接受信されるための無線電話，テレビジョン，データ伝送又はファクシミリによる無線通信業務を行うことを目的とするものに限る．）の送信空中線の地球に対する[A]の方向は，公称されている指向方向に対して[C]の範囲内に維持されなければならない．

	A	B	C
1	最小輻射	0.1度又は主輻射の角度の幅の5〔%〕	0.1度
2	最大輻射	0.1度又は主輻射の角度の幅の5〔%〕	0.3度
3	最小輻射	0.3度又は主輻射の角度の幅の10〔%〕	0.3度
4	最大輻射	0.3度又は主輻射の角度の幅の10〔%〕	0.1度

答え▶▶▶ 4

問題 24 ★★ ➡3.8.4

次の記述は，地球局（宇宙無線通信を行う実験試験局を含む.）の送信空中線の最小仰角について述べたものである．電波法施行規則（第32条）の規定に照らし，□内に入れるべき最も適切な字句の組合せを下の1から4までのうちから一つ選べ.

地球局の送信空中線の［A］の方向の仰角の値は，次の（1）から（3）までに掲げる場合においてそれぞれ（1）から（3）までに規定する値でなければならない.

（1）深宇宙（地球からの距離が［B］以上である宇宙をいう.）に係る宇宙研究業務（科学又は技術に関する研究又は調査のための宇宙無線通信の業務をいう．以下同じ.）を行うとき　［C］以上

（2）（1）の宇宙研究業務以外の宇宙研究業務を行うとき　5度以上

（3）宇宙研究業務以外の宇宙無線通信の業務を行うとき　3度以上

	A	B	C
1	最小輻射	300万〔km〕	10度
2	最小輻射	200万〔km〕	8度
3	最大輻射	200万〔km〕	10度
4	最大輻射	300万〔km〕	8度

答え▶▶▶3

下線の部分を穴埋めにした問題も出題されています.

3.9 無線設備の機器の検定

● 無線設備の機器の検定は，製造業者が製造する無線機器が所定の性能を有するか否かを総務大臣が判定するものである．

電波法 第37条（無線設備の機器の検定）

次に掲げる無線設備の機器は，その型式について，総務大臣の行う検定に合格したものでなければ，施設してはならない．ただし，総務大臣が行う検定に相当する型式検定に合格している機器その他の機器であって，総務省令（*1）で定めるものを施設する場合は，この限りではない．

(1) **電波法第31条の規定により備え付けなければならない周波数測定装置**

(2) 船舶安全法により船舶に備えなければならないレーダー

(3) 船舶に施設する救命用の無線設備の機器であって，総務省令（*2）で定めるもの

(4) 義務船舶局の無線設備の機器（(3) に掲げるものを除く.）

(5) 船舶地球局の無線設備の機器

(6) **航空機に施設する無線設備の機器であって，総務省令（*3）で定めるもの**

〔*1　電波法施行規則第11条の5，*2　電波法施行規則第11条の4第1項，*3　電波法施行規則第11条の4第2項，第3項〕

＊1：外国において，型式検定に相当するものと総務大臣が認める型式認定に合格しているものなど．

＊2：旅客船又は総トン数300t以上の船舶であって，国際航海に従事するものに備える機器は次のとおりです．

(1) 双方向無線電話

(2) 船舶航空機間双方向無線電話（旅客船に限る.）

(3) 衛星非常用位置指示無線標識

(4) 捜索救助用レーダートランスポンダ

(5) 捜索救助用位置指示送信装置

＊3：義務航空機局に設置する無線設備の機器とします．この機器は，その機器を施設しようとする航空機が航行する場合における温度や高度等の環境の条件の区別に従い，型式検定が行われたものでなければなりません．

問題 25 ★★★ ➡3.9

無線設備の機器の型式についての検定に関する次の事項のうち，電波法（第37条）の規定に照らし，総務大臣の行う検定に合格したものでなければ，施設してはならない（注）ものに該当するものを1，該当しないものを2として解答せよ．

注　総務大臣が行う検定に相当する型式検定に合格している機器その他の機器であって総務省令で定めるものを施設する場合を除く．

ア　航空機に施設する無線設備の機器であって総務省令で定めるもの

イ　人命若しくは財産の保護又は治安の維持の用に供する無線局の無線設備の機器

ウ　放送の業務の用に供する無線局の無線設備の機器

エ　気象業務の用に供する無線局の無線設備の機器

オ　電波法第31条の規定により備え付けなければならない周波数測定装置

答え▶▶▶ア－1，イ－2，ウ－2，エ－2，オ－1

3.10 技術基準適合自己確認

● 技術基準適合自己確認は特別特定無線設備の工事設計について，製造業者や輸入業者が検証を行い，技術基準への適合性を自己確認する制度である．

電波法 第38条の33（技術基準適合自己確認等）

特定無線設備のうち，無線設備の技術基準，使用の態様等を勘案して，他の無線局の運用を著しく阻害するような混信その他の妨害を与えるおそれが少ないものとして総務省令で定めるもの（以下「特別特定無線設備」という．）の**製造業者又は輸入業者**は，その特別特定無線設備を，電波法第3章（無線設備）に定める技術基準に適合するものとして，その工事設計（当該工事設計に合致することの確認の方法を含む．）について自ら確認することができる．

2　製造業者又は輸入業者は，総務省令で定めるところにより検証を行い，その特別特定無線設備の工事設計が電波法第3章に定める技術基準に適合するものであり，かつ，当該工事設計に基づく**特別特定無線設備のいずれも**が当該工事設計に合致するものとなることを確保することができると認めるときに限り，前項（電波法第38条の33第1項）の規定による確認を行うものとする．

3　製造業者又は輸入業者は，技術基準適合自己確認をしたときは，総務省令で定めるところにより，次に掲げる事項を総務大臣に届け出ることができる．

(1) 氏名又は名称及び住所並びに法人にあっては，その代表者の氏名

(2) 技術基準適合自己確認を行った特別特定無線設備の種別及び工事設計

(3) 前項（電波法第38条の33第2項）の検証の**結果の概要**

(4) (2) の工事設計に基づく**特別特定無線設備のいずれも**が当該工事設計に合致することの確認の方法

(5) その他技術基準適合自己確認の方法等に関する事項で総務省令で定めるもの

4　第3項の規定による届出をした者（以下「届出業者」という．）は，総務省令で定めるところにより，第2項の検証に係る記録を作成し，これを保存しなければならない．

5　届出業者は，第3項各号（(2) 及び (3) を除く．）に掲げる事項に変更があったときは，総務省令で定めるところにより，遅滞なく，その旨を総務大臣に届け出なければならない．

6　総務大臣は，第3項の規定による届出があったときは，総務省令で定めるところにより，その旨を公示しなければならない．前項の規定による届出があった場合において，その公示した事項に変更があったときも，同様とする．

7　総務大臣は，第1項の総務省令を制定し，又は改廃しようとするときは，経済産業大臣の意見を聴かなければならない．

電波法　第38条の34（技術基準適合自己確認等）

届出業者は，電波法第38条の33条第3項の規定による届出に係る工事設計（以下単に「届出工事設計」という．）に基づく特別特定無線設備を製造し，又は輸入する場合においては，当該特別特定無線設備を当該届出工事設計に合致するようにしなければならない．

2　届出業者は，電波法第38条の33条第3項の規定による届出に係る確認の方法に従い，その製造又は輸入に係る前項の特別特定無線設備について検査を行い，総務省令で定めるところにより，その検査記録を作成し，これを保存しなければならない．

電波法　第38条の35（技術基準適合自己確認等）

届出業者は，届出工事設計に基づく特別特定無線設備について，電波法第38条の34条第2項の規定による義務を履行したときは，当該特別特定無線設備に総務省令で定める**表示**を付することができる．

問題 26 ★★　➡3.10

次の記述は，特別特定無線設備の技術基準適合自己確認等について述べたものである．電波法（第38条の33，第38条の34及び第38条の35）の規定に照らし，[　　　]内に入れるべき最も適切な字句の組合せを下の1から4までのうちから一つ選べ．なお，同じ記号の[　　　]内には，同じ字句が入るものとする．

①　特定無線設備（小規模な無線局に使用するための無線設備であって総務省令で定めるものをいう．）のうち，無線設備の技術基準，使用の態様等を勘案して，他の無線局の運用を著しく阻害するような混信その他の妨害を与えるおそれが少ないものとして総務省令で定めるもの（以下「特別特定無線設備」という．）の[　A　]は，その特別特定無線設備を，電波法第3章（無線設備）に定める技術基準に適合するものとして，その工事設計（当該工事設計に合致することの確認の方法を含む．）について自ら確認することができる．

② [A] は，総務省令で定めるところにより検証を行い，その特別特定無線設備の工事設計が電波法第 3 章（無線設備）に定める技術基準に適合するものであり，かつ，当該工事設計に基づく特別特定無線設備のいずれもが当該工事設計に合致するものとなることを確保することができると認めるときに限り，①の規定による確認（以下「技術基準適合自己確認」という.）を行うものとする.

③ [A] は，技術基準適合自己確認をしたときは，総務省令で定めるところにより，次に掲げる事項を総務大臣に届け出ることができる.

(1) 氏名又は名称及び住所並びに法人にあっては，その代表者の氏名
(2) 技術基準適合自己確認を行った特別特定無線設備の種別及び工事設計
(3) ②の検証の [B]
(4) (2) の工事設計に基づく特別特定無線設備のいずれもが当該工事設計に合致することの確認の方法
(5) その他技術基準適合自己確認の方法等に関する事項で総務省令で定めるもの

④ ③の規定による届出をした者（以下「届出業者」という.）は，総務省令で定めるところにより，②の検証に係る記録を作成し，これを保存しなければならない.

⑤ 届出業者は，③の規定による届出に係る工事設計に基づく特別特定無線設備について，電波法第 38 条の 34（工事設計合致義務等）第 2 項の規定による義務を履行したときは，当該特別特定無線設備に総務省令で定める [C] を付することができる.

	A	B	C
1	製造業者又は輸入業者	結果の概要	表示
2	販売業者	結果の概要	検査記録
3	販売業者	業務の実施方法を定める書類	表示
4	製造業者又は輸入業者	業務の実施方法を定める書類	検査記録

答え▶▶▶ 1

出題傾向 下線の部分を穴埋めにした問題も出題されています.

3.11 測定器等の較正

● 無線設備の点検に用いる測定器その他の設備の較正は情報通信機構が行うほか，総務大臣が指定する指定較正機関に行わせることができる．

電波法 第102条の18（測定器等の較正）〈抜粋〉

無線設備の点検に用いる測定器その他の設備であって総務省令で定めるもの（以下この条において「測定器等」という．）の較正は，機構がこれを行うほか，総務大臣は，その指定する者（以下「指定較正機関」という．）にこれを**行わせることができる**．

機構とは「国立研究開発法人情報通信研究機構」のこと．

2　指定較正機関の指定は，第1項の較正を行おうとする者の申請により行う．

3　機構又は指定較正機関は，第1項の較正を行ったときは，総務省令で定めるところにより，その測定器等に**較正をした旨の表示を付する**ものとする．

4　機構又は指定較正機関による較正を受けた測定器等以外の測定器等には，第3項の**表示又はこれと紛らわしい表示を**付してはならない．

5　総務大臣は，第2項の申請が次の各号のいずれにも適合していると認めるときでなければ，指定較正機関の指定をしてはならない．

(1) 職員，設備，較正の業務の実施の方法その他の事項についての較正の業務の実施に関する計画が較正の業務の適正かつ確実な実施に適合したものであること．

(2) 前号の較正の業務の実施に関する計画を適正かつ確実に実施するに足りる財政的基礎を有するものであること．

(3) 法人にあっては，その役員又は法人の種類に応じて総務省令で定める構成員の構成が較正の公正な実施に支障を及ぼすおそれがないものであること．

(4) (3) に定めるもののほか，較正が不公正になるおそれがないものとして，総務省令で定める基準に適合するものであること．

(5) その指定をすることによって較正の業務の適正かつ確実な実施を阻害することとならないこと．

9　指定較正機関は，較正を行うときは，総務省令で定める**測定器その他の設備**を使用し，かつ，総務省令で定める要件を備える者（以下「較正員」という．）にその較正を行わせなければならない．

問題 27 ★★ ➡ 3.11

次の記述は，測定器等の較正について述べたものである．電波法（第 102 条の 18）の規定に照らし，[　　] 内に入れるべき最も適切な字句の組合せを下の 1 から 4 までのうちから一つ選べ．

① 無線設備の点検に用いる測定器その他の設備であって総務省令で定めるもの（以下「測定器等」という．）の較正は，国立研究開発法人情報通信研究機構（以下「機構」という．）がこれを行うほか，総務大臣は，その指定する者（以下「指定較正機関」という．）にこれを [A]．

② 機構又は指定較正機関は，①の較正を行ったときは，総務省令で定めるところにより，その測定器等に [B] ものとする．

③ 機構又は指定較正機関による較正を受けた測定器等以外の測定器等には，②の表示又はこれと紛らわしい表示を付してはならない．

④ 指定較正機関は，較正を行うときは，総務省令で定める [C] を使用し，かつ，総務省令で定める要件を備える者にその較正を行わせなければならない．

	A	B	C
1	行わせるものとする	較正をした旨の表示を付する	総合試験設備
2	行わせることができる	較正をした旨の表示を付するとともにこれを公示する	総合試験設備
3	行わせることができる	較正をした旨の表示を付する	測定器その他の設備
4	行わせるものとする	較正をした旨の表示を付するとともにこれを公示する	測定器その他の設備

答え▶▶▶ 3

下線の部分を穴埋めにした問題も出題されています．

3章

4章

無線従事者

この章から 2問 出題

【合格へのワンポイントアドバイス】

「主任無線従事者」に関する問題で，「要件」，「非適格事由」，「職務」，「講習」のうち１問がほぼ毎回出題されています．また，「免許証の再交付」や「免許証の返納」など無線従事者の免許証に関する問題も度々出題されていますが，出題範囲が限られていますので，しっかり覚えましょう．

4.1 無線従事者と無線設備の操作

- 無線局の無線設備を操作するには，「無線従事者」でなければならない．
- 「無線従事者」は，無線設備の操作又はその監督を行う者であって，総務大臣の免許を受けたものである．
- 無線従事者でない者は無線設備の操作はできないが，主任無線従事者の監督を受けることにより，無線設備の操作が可能になる（モールス符号を使用する無線電信やアマチュア無線局は除く）．

4.1.1 無線従事者とは

電波は拡散性があり，複数の無線局が同じ周波数を使用すると混信などを起こすことがあるため，誰もが勝手に無線設備を操作することはできません．そのため，無線局や放送局などの無線設備を操作するには，「無線従事者」でなければなりません．無線従事者は，電波法第2条（6）で「**「無線従事者」とは，無線設備の操作又はその監督を行う者であって，総務大臣の免許を受けたものをいう．**」と定義されています．すなわち，無線設備を操作するには，「無線従事者免許証」を取得して無線従事者になる必要があります．

一方，コードレス電話機やラジコン飛行機用の無線設備などは，電波を使用しているにもかかわらず，誰でも無許可で使えます．このように無線従事者でなくても操作可能な無線設備もあります．本章では，無線従事者について，第一級陸上無線技術士の国家試験で出題される範囲を中心に学びます．

4.1.2 無線設備の操作ができる者

無線局の無線設備を操作するには，無線従事者でなければなりません．

無線従事者は，無線設備の操作又はその監督を行う者であって，総務大臣の免許を受けたものです．

これら無線設備の操作については，電波法第39条で次のように規定されています．

電波法 第39条（無線設備の操作）

電波法第40条の定めるところにより無線設備の操作を行うことができる無線従事者（義務船舶局等の無線設備であって総務省令で定めるものの操作については，電波法第48条の2第1項の船舶局無線従事者証明を受けている無線従事者．以下この条において同じ.）以外の者は，無線局（**アマチュア無線局**を除く．以下この条において同じ.）の無線設備の操作の監督を行う者（以下「主任無線従事者」という.）として選任された者であって第4項の規定によりその選任の届出がされたものにより監督を受けなければ，無線局の無線設備の操作（簡易な操作であって総務省令で定めるものを除く.）を行ってはならない．ただし，船舶又は航空機が航行中であるため無線従事者を補充することができないとき，その他総務省令で定める場合は，この限りでない．

2 **モールス符号を送り，又は受ける無線電信**の操作その他総務省令で定める無線設備の操作は，前項本文の規定にかかわらず，電波法第40条の定めるところにより，無線従事者でなければ行ってはならない．

3 主任無線従事者は，電波法第40条の定めるところにより**無線設備の操作の監督**を行うことができる無線従事者であって，総務省令で定める事由に該当しないものでなければならない．

4 無線局の免許人等は，主任無線従事者を選任したときは，遅滞なく，その旨を**総務大臣に届け出**なければならない．これを解任したときも，同様とする．

5 前項の規定により**その選任の届出がされた**主任無線従事者は，無線設備の操作の監督に関し総務省令で定める職務を誠実に行わなければならない．

6 第4項の規定によりその選任の届出がされた主任無線従事者の監督の下に無線設備の操作に従事する者は，当該主任無線従事者が前項の職務を行うため必要であると認めてする指示に従わなければならない．

7 無線局（総務省令で定めるものを除く.）の免許人等は，第4項の規定によりその選任の届出をした主任無線従事者に，総務省令で定める期間ごとに，**無線設備の操作の監督**に関し総務大臣の行う講習を受けさせなければならない．

電波法第40条：無線従事者の資格
電波法第48条の2第1項：船舶局無線従事者証明
義務船舶局等の無線設備の操作は，船舶局無線従事者証明を受けている無線従事者でなければできない．

4章

問題 1 ★ ➡4.1

次の記述は，無線設備の操作について，電波法（第39条）の規定に沿って述べたものである．[　　] 内に入れるべき字句の正しい組合せを，下の1から4までのうちから一つ選べ．

① 第40条（無線従事者の資格）の定めるところにより無線設備の操作を行うことができる無線従事者（義務船舶局等の無線設備であって総務省令で定めるものの操作については，第48条の2（船舶局無線従事者証明）第1項の船舶局無線従事者証明を受けている無線従事者．以下同じ．）以外の者は，無線局（[A]を除く．以下同じ．）の無線設備の操作の監督を行う者（以下「主任無線従事者」という．）として選任された者であって④の規定によりその選任の届出がされたものにより監督を受けなければ，無線局の無線設備の操作（簡易な操作であって総務省令で定めるものを除く．）を行ってはならない．ただし，船舶又は航空機が航行中であるため無線従事者を補充することができないとき，その他総務省令で定める場合は，この限りでない．

② [B]の操作その他総務省令で定める無線設備の操作は，①の本文の規定にかかわらず，第40条の定めるところにより，無線従事者でなければ行ってはならない．

③ 主任無線従事者は，第40条の定めるところにより無線設備の操作の監督を行うことができる無線従事者であって，総務省令で定める事由に該当しないものでなければならない．

④ 無線局の免許人等は，主任無線従事者を選任したときは，遅滞なく，その旨を総務大臣に届け出なければならない．これを解任したときも，同様とする．

	A	B
1	実験等無線局及び特別業務の無線局	無線電信
2	アマチュア無線局及び実験等無線局	モールス符号を送り，又は受ける無線電信
3	アマチュア無線局	モールス符号を送り，又は受ける無線電信
4	実験等無線局	無線電信

答え▶▶▶3

4.2 主任無線従事者

●「主任無線従事者」は，無線設備の操作の監督を行うことができる無線従事者である．主任無線従事者の監督があれば，無資格者でも無線設備の操作ができる．

主任無線従事者は，電波法第 39 条第 3 項で「**無線設備の操作の監督**を行うことができる無線従事者であって，総務省令で定める事由に該当しないものでなければならない.」と規定されています．主任無線従事者の監督があれば，無資格者でも無線設備の操作ができることになりますので，その任務は極めて重要であるといえます．

4章

4.2.1 主任無線従事者の非適格事由

電波法施行規則 第 34 条の 3（主任無線従事者の非適格事由）〈一部改変〉

主任無線従事者は，次に示す非適格事由に該当する者であってはならない．

(1) 電波法上の罪を犯し**罰金以上**の刑に処せられ，その執行を終わり，又はその執行を受けることがなくなった日から **2 年**を経過しない者

(2) 電波法令の規定に違反したこと等により業務に従事することを**停止**され，その処分の期間が終了した日から **3 箇月**を経過していない者

(3) **主任無線従事者**として選任される日以前 **5 年間**において無線局（無線従事者の選任を要する無線局で**アマチュア局**以外のもの）の無線設備の操作又はその監督の業務に従事した期間が **3 箇月**に満たない者

4.2.2 主任無線従事者の選解任

電波法 第 39 条（無線設備の操作）第 4 項

4　無線局の免許人等は，主任無線従事者を選任したときは，遅滞なく，その旨を総務大臣に届け出なければならない．解任したときも同様とする．

電波法 第 113 条（罰則）〈抜粋〉

(17) 電波法第 39 条第 4 項の規定に違反して届出をせず，又は虚偽の届出をした者は 30 万円以下の罰金に処する．

4.2.3 主任無線従事者の職務

電波法 第39条（無線設備の操作）第5項

5　主任無線従事者は，無線設備の操作の監督に関し総務省令で定める職務を誠実に行わなければならない.

電波法施行規則 第34条の5（主任無線従事者の職務）

主任無線従事者の職務は，次のとおりとする.

(1) 主任無線従事者の監督を受けて無線設備の操作を行う者に対する訓練（実習を含む.）の計画を**立案し**，**実施**すること.

(2) 無線設備の**機器の点検若しくは保守**を行い，又はその監督を行うこと.

(3) **無線業務日誌その他の書類**を作成し，又は，その作成を監督すること（記載された事項に関し必要な措置を執ることを含む.）.

(4) 主任無線従事者の職務を遂行するために必要な事項に関し**免許人**等に対して意見を述べること.

(5) その他無線局の**無線設備の操作の監督**に関し必要と認められる事項.

4.2.4 主任無線従事者の定期講習

電波法 第39条（無線設備の操作）第7項

7　無線局の免許人等は，主任無線従事者に，総務省令で定める期間ごとに，無線設備の**操作の監督**に関し，総務大臣の行う講習を受けさせなければならない.

主任無線従事者は無線従事者の資格をもたない者に無線設備の操作をさせることができることから，最近の無線設備や電波法令の知識を習得して資格をもたない者を適切に監督できるようにするために定期講習の受講が義務づけられています.

講習については次のようになっています.

電波法施行規則 第34条の7（講習の期間）

免許人等は，主任無線従事者を**選任したときは**，**当該主任無線従事者に選任の日から6箇月以内**に無線設備の**操作の監督**に関し総務大臣の行う講習を受けさせなければならない.

2　免許人等は，前項の講習を受けた主任無線従事者にその講習を受けた日から**5年以内**に講習を受けさせなければならない．当該講習を受けた日以降についても同様とする．

3　前2項の規定にかかわらず，船舶が航行中であるとき，その他総務大臣が当該規定によることが困難又は著しく不合理であると認めるときは，総務大臣が別に告示するところによる．

主任無線従事者講習には，陸上主任講習，海上主任講習，航空主任講習の3区分の講習があり，総務大臣から指定講習機関として指定された日本無線協会が行っている．講習科目は，「無線設備の操作の監督」，「最新の無線工学」で，受講時間は6時間となっている．

4章

問題 2 ★★★　➡4.2.1

次の記述は，主任無線従事者の非適格事由について述べたものである．電波法（第39条）及び電波法施行規則（第34条の3）の規定に照らし，［　　］内に入れるべき最も適切な字句を下の1から10までのうちから一つ選べ．

①　主任無線従事者は，電波法第40条（無線従事者の資格）の定めるところにより，無線設備の［ア］を行うことができる無線従事者であって，総務省令で定める事由に該当しないものでなければならない．

②　①の総務省令で定める事由には，次のとおりとする．

(1) 電波法第9章（罰則）の罪を犯し［イ］の刑に処せられ，その執行を終わり，又はその執行を受けることがなくなった日から［ウ］を経過しない者に該当する者であること．

(2) 電波法第79条（無線従事者の免許の取消し等）第1項第1号の規定により業務に従事することを［エ］され，その処分の期間が終了した日から3箇月を経過していない者であること．

(3) 主任無線従事者として選任される日以前5年間において無線局（無線従事者の選任を要する無線局でアマチュア局以外のものに限る.）の無線設備の操作又はその監督の業務に従事した期間が［オ］に満たない者であること．

1　3箇月	2　罰金以上	3　懲役又は禁固	4　1年	5　6箇月
6　制限	7　停止	8　操作の監督	9　2年	10　管理

答え▶▶▶ア－8，イ－2，ウ－9，エ－7，オ－1

出題傾向 下線の部分を穴埋めにした問題も出題されています．

問題 3 ★★ ➡4.2.3

次の記述は，固定局の主任無線従事者の職務について述べたものである．電波法（第39条）及び電波法施行規則（第34条の5）の規定に照らし，[　　]内に入れるべき最も適切な字句を下の1から10までのうちからそれぞれ一つ選べ．

① 電波法第39条（無線設備の操作）第4項の規定により [ア] 主任無線従事者は，無線設備の操作の監督に関し総務省令で定める職務を誠実に行わなければならない．

② ①の総務省令で定める職務は，次の（1）から（5）までに掲げるとおりとする．

（1）主任無線従事者の監督を受けて無線設備の操作を行う者に対する訓練（実習を含む．）の計画を [イ] こと．

（2）無線設備の [ウ] を行い，又はその監督を行うこと．

（3）[エ] を作成し，又はその作成を監督すること（記載された事項に関し必要な措置を執ることを含む．）．

（4）主任無線従事者の職務を遂行するために必要な事項に関し [オ] に対して意見を述べること．

（5）（1）から（4）までに掲げる職務のほか無線局の無線設備の操作の監督に関し必要と認められる事項

1 その選任について総務大臣の許可を受けた
2 その選任の届出がされた　　3 立案し，実施する
4 推進する　　5 変更の工事
6 機器の点検若しくは保守　　7 無線業務日誌
8 無線業務日誌その他の書類　　9 免許人　　10 総務大臣

答え▶▶▶ア－2，イ－3，ウ－6，エ－8，オ－9

出題傾向 下線の部分を穴埋めにした問題も出題されています．

問題 4 ★★★ ➡4.2.3

主任無線従事者の職務に関する次の事項のうち，電波法施行規則（第 34 条の 5）の規定に照らし，この規定の定めるところに適合するものを 1，適合しないものを 2 として解答せよ.

ア　無線設備の機器の点検若しくは保守を行い，又はその監督を行うこと.

イ　主任無線従事者の職務を遂行するために必要な事項に関し免許人に対して意見を述べること.

ウ　無線設備の設置場所を変更し，又は無線設備の変更の工事をしようとするときに総務大臣の許可を受けること.

エ　主任無線従事者の監督を受けて無線設備の操作を行う者に対する訓練（実習を含む.）の計画を立案し，実施すること.

オ　電波法又は電波法に基づく命令の規定に違反して運用した無線局を認めたときに総務省令で定める手続により総務大臣に報告すること.

解説 電波法施行規則第 34 条の 5 には選択肢**ウ**，**オ**の規定はありません．総務大臣への許可の申請や総務大臣に報告を行うのは，免許人です.

答え▶▶▶ア－1，イ－1，ウ－2，エ－1，オ－2

問題 5 ★ ➡4.2.4

次の記述は，無線局（アマチュア無線局を除く.）の主任無線従事者の講習について述べたものである．電波法（第39条）及び電波法施行規則（第34条の7）の規定に照らし，[　　]内に入れるべき最も適切な字句の組合せを下の1から4までのうちから一つ選べ．なお，同じ記号の[　　]内には同じ字句が入るものとする．

① 無線局（総務省令で定めるものを除く.）の免許人は，電波法第39条（無線設備の操作）に規定するところにより主任無線従事者に，総務省令で定める期間ごとに，無線設備の[A]に関し総務大臣の行う講習を受けさせなければならない．

② 電波法第39条（無線設備の操作）第7項の規定により，免許人は，主任無線従事者を選任[B]に無線設備の[A]に関し総務大臣の行う講習を受けさせなければならない．

③ 免許人は，②の講習を受けた主任無線従事者にその講習を受けた日から[C]に講習を受けさせなければならない．当該講習を受けた日以降についても同様とする．

④ ②及び③にかかわらず，船舶が航行中であるとき，その他総務大臣が当該規定によることが困難又は著しく不合理であると認めるときは，総務大臣が別に告示するところによる．

	A	B	C
1	操作の監督	したときは，当該主任無線従事者に選任の日から6箇月以内	5年以内
2	操作の監督	するときは，当該主任無線従事者に選任の日前6箇月以内	3年以内
3	操作及び運用	したときは，当該主任無線従事者に選任の日から6箇月以内	3年以内
4	操作及び運用	するときは，当該主任無線従事者に選任の日前6箇月以内	5年以内

答え▶▶▶ 1

問題 6 ★★★ ➡4.2.4

無線局（アマチュア無線局を除く.）の主任無線従事者の要件に関する次の記述のうち，電波法（第39条）の規定に照らし，この規定に定めるところに適合するものを1，この規定に定めるところに適合しないものを2として解答せよ.

ア　電波法第40条（無線従事者の資格）の定めるところにより無線設備の操作を行うことができる無線従事者以外の者は，主任無線従事者の監督を受けなければ，モールス符号を送り，又は受ける無線電信の操作を行ってはならない.

イ　主任無線従事者は，電波法第40条（無線従事者の資格）の定めるところにより無線設備の操作の監督を行うことができる無線従事者であって，総務省令で定める事由に該当しないものでなければならない.

ウ　無線局の免許人は，主任無線従事者を選任するときは，あらかじめ，その旨を総務大臣に届け出なければならない．これを解任するときも，同様とする.

エ　無線局の免許人からその選任の届出がされた主任無線従事者は，無線設備の操作の監督に関し総務省令で定める職務を誠実に行わなければならない.

オ　無線局の免許人は，その選任の届出をした主任無線従事者に総務省令で定める期間ごとに，無線局の無線設備の操作及び運用に関し総務大臣の行う訓練を受けさせなければならない.

4章

解説 ア　モールス符号を送り，又は受ける無線電信の操作は，無線従事者でなければ行ってはいけません（モールス無線電信の操作は主任無線従事者の監督を受けることはできません）.

ウ 「…選任**する**ときは，**あらかじめ**，…解任**する**ときも，…」ではなく，正しくは「…選任**した**ときは，**遅滞なく**，…，解任**した**ときも…」です.

オ 「総務大臣の行う**訓練**」ではなく，正しくは「総務大臣の行う**講習**」です.

答え▶▶▶ア－2，イ－1，ウ－2，エ－1，オ－2

4.3 第一級陸上無線技術士の無線設備の操作及び監督の範囲

要点
- 第一級陸上無線技術士はすべての無線設備の技術操作ができる.
- 無線設備の操作には「通信操作」と「技術操作」がある.

4.3.1 無線従事者の資格と種類

無線従事者の資格は電波法第 40 条にて,（1）総合無線従事者,（2）海上無線従事者,（3）航空無線従事者,（4）陸上無線従事者,（5）アマチュア無線従事者の 5 系統に分類され, 17 区分の資格が定められています.

また, 電波法施行令第 2 条にて, 海上, 航空, 陸上の 3 系統の特殊無線技士は, さらに 9 資格に分けられています.

■表 4.1 無線従事者資格一覧表

総合無線従事者	（1）第一級総合無線通信士 （2）第二級総合無線通信士 （3）第三級総合無線通信士
海上無線従事者	（4）第一級海上無線通信士 （5）第二級海上無線通信士 （6）第三級海上無線通信士 （7）第四級海上無線通信士 （8）政令で定める海上特殊無線技士 ・第一級海上特殊無線技士 ・第二級海上特殊無線技士 ・第三級海上特殊無線技士 ・レーダー級海上特殊無線技士
航空無線従事者	（9）航空無線通信士 （10）政令で定める航空特殊無線技士 ・航空特殊無線技士
陸上無線従事者	（11）第一級陸上無線技術士 （12）第二級陸上無線技術士 （13）政令で定める陸上特殊無線技士 ・第一級陸上特殊無線技士 ・第二級陸上特殊無線技士 ・第三級陸上特殊無線技士 ・国内電信級陸上特殊無線技士
アマチュア無線従事者	（14）第一級アマチュア無線技士 （15）第二級アマチュア無線技士 （16）第三級アマチュア無線技士 （17）第四級アマチュア無線技士

したがって，無線従事者の資格は**表 4.1** に示すように，合計で 23 種類になります．

4.3.2 第一級陸上無線技術士の操作範囲

無線従事者の資格は全部で 23 種類ありますが，それぞれの資格ごとに操作及び監督できる範囲が電波法第 40 条第 2 項と電波法施行令第 3 条にて定められています．

ここでは，第一級陸上無線技術士との比較のために，第二級陸上無線技術士，第一級陸上特殊無線技士の 3 資格の操作範囲を**表 4.2** に示します．

4章

■表 4.2 陸上無線技術士と第一級陸上特殊無線技士の操作範囲

資　格	操作の範囲
第一級陸上無線技術士	無線設備の技術操作
第二級陸上無線技術士	次に掲げる無線設備の技術操作 (1) 空中線電力 2〔kW〕以下の無線設備（テレビジョン基幹放送局の無線設備を除く.） (2) テレビジョン基幹放送局の空中線電力 500〔W〕以下の無線設備 (3) レーダーで (1) に掲げるもの以外のもの (4) (1) 及び前号に掲げる無線設備以外の無線航行局の無線設備で 960〔MHz〕以上の周波数の電波を使用するもの
第一級陸上特殊無線技士	(1) 陸上の無線局の空中線電力 500〔W〕以下の多重無線設備（多重通信を行うことができる無線設備でテレビジョンとして使用するものを含む.）で 30〔MHz〕以上の周波数の電波を使用するものの技術操作 (2) 前号に掲げる操作以外の操作で第二級陸上特殊無線技士の操作の範囲に属するもの

上記 3 資格のうち，第一級陸上無線技術士と第二級陸上無線技術士は第四級アマチュア無線技士の操作の範囲に属する操作が可能であるが，第一級陸上特殊無線技士はアマチュア無線技士の操作の範囲に属する操作はできない．

4.3.3 第一級陸上無線技術士の国家試験

第一級陸上無線技術士の国家試験の試験科目は，「無線工学の基礎」，「無線工学A」，「無線工学B」，「法規」の4科目です．試験は毎年2回実施されています．科目合格制度がありますので，必ずしも，一度に4科目すべて合格する必要はありません．3年以内に4科目を合格すればよいことになります．

また，一定の条件を満たすと受験科目が免除になります．

（1）総務大臣の指定を受けた学校等を卒業した場合の科目免除

大学の電子工学科など，総務大臣の指定を受けた学校等（認定学校等）を卒業し，3年以内に試験を受ける場合は，「無線工学の基礎」が免除になります（総務大臣の指定を受けた学校等の一覧は総務省のホームページで公開されています）．

（2）特定の無線従事者資格を有する者の科目免除

一定の無線従事者の資格を有する者が他の無線従事者試験を受験する場合，申請により，一部の科目が免除になる制度があります．

第一級陸上無線技術士の場合，「第一級総合無線通信士」の資格を有する人は，申請により，「法規」が免除になります．

また，3年以上の業務経歴がある場合，「第一級総合無線通信士」又は「第二級陸上無線技術士」の資格を有する人は，「無線工学の基礎」が免除になります．

（3）電気通信事業法による資格を有する者の科目免除

電気通信事業法による，「伝送交換主任技術者資格者証」を所持している場合，「無線工学の基礎」及び「無線工学A」が免除になります．また，「線路主任技術者資格者証」を所持している場合は，「無線工学の基礎」が免除になります．

4.3.4 第一級陸上無線技術士の試験範囲

無線従事者試験の試験範囲は無線従事者規則第5条に規定されています．第一級陸上無線技術士国家試験の科目は，「無線工学の基礎」，「無線工学A」，「無線工学B」，「法規」の4科目です．それぞれの試験科目の内容を**表4.3**に示します．

■表 4.3 第一級陸上無線技術士国家試験の科目とその内容

科　目	内　容
無線工学の基礎	(1) 電気物理の詳細 (2) 電気回路の詳細 (3) 半導体及び電子管の詳細 (4) 電子回路の詳細 (5) 電気磁気測定の詳細
無線工学 A	(1) 無線設備の理論，構造及び機能の詳細 (2) 無線設備のための測定機器の理論，構造及び機能の詳細 (3) 無線設備及び無線設備のための測定機器の保守及び運用の詳細
無線工学 B	(1) 空中線系等の理論，構造及び機能の詳細 (2) 空中線系等のための測定機器の理論，構造及び機能の詳細 (3) 空中線系及び空中線系等のための測定機器の保守及び運用の詳細
法規	電波法及びこれに基づく命令の概要

Column 第一級陸上無線技術士の試験の出題数と採点基準

試験科目	問題数	配　点	満　点	合格点	試験時間
無線工学の基礎	25（A：20，B：5）	5 点	125 点	75 点	2 時間 30 分
無線工学 A	25（A：20，B：5）	5 点	125 点	75 点	2 時間 30 分
無線工学 B	25（A：20，B：5）	5 点	125 点	75 点	2 時間 30 分
法規	20（A：15，B：5）	5 点	100 点	60 点	2 時間

A：A 形式と呼ばれる択一式の問題
B：B 形式と呼ばれる補完式又は正誤式の問題（5 問題から構成されており，1 問 1 点）

問題 7 ★★★ ➡4.3

第一級陸上無線技術士の資格を有する無線従事者の操作の範囲に関する次の事項のうち，電波法施行令（第3条）の規定に照らし，この規定の定めるところに適合するものを1，適合しないものを2として解答せよ．

ア　無線航行陸上局の無線設備の技術操作

イ　第三級アマチュア無線技士の操作の範囲に属する操作

ウ　航空交通管制の用に供する航空局の無線設備の通信操作及び技術操作

エ　空中線電力が10〔kW〕のテレビジョン基幹放送局の無線設備の技術操作

オ　海岸地球局の無線設備の技術操作

解説　イ　第三級アマチュア無線技士の操作範囲にモールス符号による通信操作が入っていますが，第一級陸上無線技術士の操作範囲にモールス符号による通信操作はありません．

ウ　第一級陸上無線技術士の操作範囲に航空局の通信操作は含まれていません．

答え▶▶▶ア－1，イ－2，ウ－2，エ－1，オ－1

選択肢が「無線航行陸上局の無線設備の通信操作及び技術操作」（×），「航空交通管制の用に供する航空局の技術操作」（○）になることもあります．

関連知識　通信操作と技術操作

無線設備の操作には，「通信操作」と「技術操作」があります．通信操作はマイクロフォン，キーボード，電鍵（モールス電信）などを使用して通信を行うために無線設備を操作すること，技術操作は通信や放送が円滑に行われるように，無線機器などを調整することをいいます．

4.4 無線従事者免許証

● 無線局免許状は有効期限があるが，無線従事者免許証には有効期限がなく一生涯有効である．

無線従事者の免許を取得するには，「(1) 無線従事者国家試験に合格する．(2) 養成課程を受講して修了する．(3) 学校で必要な科目を修めて卒業する．(4) 認定講習を修了する．」方法があります．これらのどれか一つを満たして無線従事者免許申請を行い，欠格事由にかかわる審査を受けた後，無線従事者免許証が交付されます．

4.4.1 無線従事者免許の取得

無線従事者の免許について，電波法第41条で次のように規定しています．

電波法 第41条（免許）

無線従事者になろうとする者は，**総務大臣の免許**を受けなければならない．

2 無線従事者の免許は，次の各号のいずれかに該当する者（(2) から (4) までに該当する者にあっては，電波法第48条第1項後段の規定により期間を定めて試験を受けさせないこととした者で，当該期間を経過しないものを除く．）でなければ，受けることができない．

(1) 無線従事者国家試験に合格した者

(2) 無線従事者の養成課程で，総務大臣が総務省令で定める基準に適合するものであることの認定をしたものを修了した者

(3) 学校教育法 に基づく学校の区分に応じ総務省令で定める無線通信に関する科目を修めて卒業した者

イ 大学（短期大学を除く．）

ロ 短期大学又は高等専門学校

ハ 高等学校又は中等教育学校

(4) イ～ハまでの者と同等以上の知識及び技能を有する者として総務省令で定める同項の資格及び業務経歴その他の要件を備える者

(2) 総務大臣から養成課程の認定を受けた者が，一定の無線従事者の資格にかかわる所定の授業を行って修了試験を行い，その合格者に修了証明書が交付される．この修了証明書で無線従事者免許証を申請することができる．養成課程には，修業年限1年以上の学校等（学校教育法第1条に規定する学校，専修学校，各種学校等）が開設する長期型養成課程と学校等以外の者が短期間に集中した授業を行う一般的な養成課程の2種類がある．

(3) 学校教育法第1条に規定される大学，短期大学，高等専門学校，高等学校，中等教育学校などに開設された無線通信に関する所定の科目を履修して卒業した者は，無線従事者国家試験に合格した者と同じ一定の資格が与えられる．取得できる資格は，一般的に特殊無線技士が多いようである．第一級陸上無線技術士や第二級陸上無線技術士などの資格は取得することはできないので国家試験に合格して取得する必要がある．

(4) 無線従事者として一定の資格及び業務経歴を有する者が，新たに上位の資格又は系統の異なる資格を取得しようとする場合，総務大臣の認定を受けた「認定講習」を受講して修了することで，国家試験を受験せずに上位の資格又は系統の異なる資格を取得することができる．例えば，「第二級陸上無線技術士の資格を有し，当該資格で無線局の無線設備の操作に7年以上従事した経歴を有する者」は，無線工学を150時間以上受講することにより第一級陸上無線技術士の資格を得ることができる．

4.4.2 免許の申請

無線従事者規則　第46条（免許の申請）〈抜粋〉

無線従事者の免許を受けようとする者は，所定の様式の申請書に次に掲げる書類を添えて，総務大臣又は総合通信局長に提出しなければならない．

(1) 氏名及び生年月日を証する書類（住民票など．ただし，住民票コード又は他の無線従事者免許証番号などを記入すれば不要．）

(2) 医師の診断書（総務大臣又は総合通信局長が必要と認めるときに限る．）

(3) 写真（申請前6月以内に撮影した無帽，正面，上三分身，無背景の縦30 mm，横24 mmのもので，裏面に申請に係る資格及び氏名を記載したもの．）1枚

国家試験合格以外で免許を申請する場合は次に示す書類のいずれかが必要になります．

無線従事者規則 第46条（免許の申請）〈抜粋・一部改変〉

(4) 養成課程の修了証明書等（養成課程修了により免許を受けようとする場合に限る.）

(5)「大学」などの卒業者の場合は，科目履修証明書，履修内容証明書及び卒業証明書（総務大臣から無線通信に関する科目の適合確認を受けている教育課程を修了した者は履修内容証明書は不要.）

(6) 一定の資格及び業務経歴を有する者の場合は業務経歴証明書及び認定講習課程の修了証明書

4.4.3 免許の欠格事由

電波法 第42条（免許を与えない場合）

次のいずれかに該当する者に対しては，無線従事者の免許を与えないことができる.

(1) 電波法上の罪を犯し罰金以上の刑に処せられ，その執行を終わり，又はその執行を受けることがなくなった日から**2年**を経過しない者

(2) 無線従事者の免許を取り消され，取消しの日から2年を経過しない者

(3) 著しく心身に欠陥があって無線従事者たるに適しない者

4.4.4 無線従事者免許証の交付

無線従事者規則 第47条（免許証の交付）

総務大臣又は総合通信局長は，免許を与えたときは，**図4.1**の免許証を交付する.

2　前項の規定により免許証の交付を受けた者は，無線設備の操作に関する知識及び技術の向上を図るように努めなければならない.

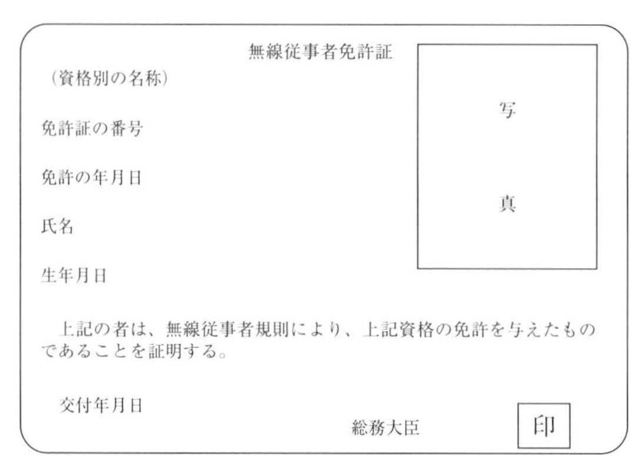
無線従事者免許証

（資格別の名称）

免許証の番号

免許の年月日

氏名

生年月日

写

真

上記の者は、無線従事者規則により、上記資格の免許を与えたものであることを証明する。

交付年月日

総務大臣　印

■図 4.1　無線従事者免許証

4.4.5 無線従事者免許証の携帯

電波法施行規則　第 38 条（備付けを要する業務書類）第 10 項

10　無線従事者は，その業務に従事しているときは，**免許証を携帯**していなければならない．

4.4.6 無線従事者免許証の再交付

無線従事者規則　第 50 条（免許証の再交付）

無線従事者は，氏名に変更を生じたとき又は免許証を汚し，破り，若しくは失ったために免許証の再交付を受けようとするときは，所定の申請書に次に掲げる書類を添えて総務大臣又は総合通信局長に提出しなければならない．

(1) 免許証（免許証を失った場合を除く．）

(2) 写真 1 枚

(3) 氏名の変更の事実を証する書類（氏名に変更を生じたときに限る．）

再交付の申請時に「○日以内」という規定はない．

4.4.7 無線従事者免許証の返納

無線従事者規則 第51条（免許証の返納）

無線従事者は，免許の取消しの処分を受けたときは，その処分を受けた日から**10日以内**にその免許証を総務大臣又は総合通信局長に返納しなければならない．免許証の再交付を受けた後失った免許証を発見したときも同様とする．

2 無線従事者が死亡し，又は失そうの宣告を受けたときは，戸籍法による死亡又は失そう宣告の届出義務者は，遅滞なく，その免許証を総務大臣又は総合通信局長に返納しなければならない．

問題 8 ★★★ ➡4.4.1 ➡4.4.3 ➡7.3.4

無線従事者の免許等に関する次の記述のうち，電波法（第41条，第42条及び第79条）の規定に照らし，これらの規定に定めるところに適合しないものはどれか．下の1から4までのうちから一つ選べ．

1 無線従事者になろうとする者は，総務大臣の免許を受けなければならない．

2 総務大臣は，無線従事者が不正な手段により免許を受けたときは，その免許を取り消すことができる．

3 総務大臣は，電波法第9章（罰則）の罪を犯し罰金以上の刑に処せられ，その執行を終わり，又はその執行を受けることがなくなった日から3年を経過しない者に対しては，無線従事者の免許を与えないことができる．

4 総務大臣は，無線従事者が電波法若しくは電波法に基く命令又はこれらに基づく処分に違反したときは，その免許を取り消し，又は3箇月以内の期間を定めてその業務に従事することを停止することができる．

解説 3 「**3年**を経過しない者」ではなく，正しくは「**2年**を経過しない者」です．
4 電波法第79条に規定されています（7.3.4参照）．

答え▶▶▶3

問題 9 ★★★ ➡4.4.4 ➡4.4.5 ➡4.4.6 ➡4.4.7

無線従事者の免許証に関する次の記述のうち，無線従事者規則（第47条，第50条及び第51条）及び電波法施行規則（第38条）の規定に照らし，これらの規定に定めるところに適合するものを1，これらの規定に定めるところに適合しないものを2として解答せよ．

ア　無線従事者は，免許の取消しの処分を受けたときは，その処分を受けた日から10日以内にその免許証を総務大臣又は総合通信局長（沖縄総合通信事務所長を含む．以下同じ．）に返納しなければならない．

イ　総務大臣又は総合通信局長は，無線従事者の免許を与えたときは，免許証を交付するものとし，無線従事者は，その業務に従事しているときは，免許証を総務大臣又は総合通信局長の要求に応じて速やかに提示することができる場所に保管しなければならない．

ウ　無線従事者は免許証を失ったために免許証の再交付を受けようとするときは，失った日から10日以内に申請書に写真1枚を添えて総務大臣又は総合通信局長に提出しなければならない．

エ　無線従事者が引き続き5年以上無線局の無線設備の操作に従事しなかったときは，免許は効力を失うものとし，遅滞なく免許証を総務大臣又は総合通信局長に返納しなければならない．

オ　無線従事者は，免許証の再交付を受けた後失った免許証を発見したときは，その免許証を発見した日から10日以内に発見した免許証を総務大臣又は総合通信局長に返納しなければならない．

解説 イ「免許証を**総務大臣又は総合通信局長の要求に応じて速やかに提示することができる場所に保管しなければ**ならない．」ではなく，正しくは「免許証を**携帯していなければ**ならない．」です（電波法施行規則第38条第10項）．

ウ「**失った日から10日以内に**申請書に写真1枚を添えて総務大臣又は総合通信局長に提出」ではなく，正しくは「申請書に写真1枚を添えて総務大臣又は総合通信局長に提出」です．

エ　無線従事者免許証は無線局の無線設備の操作に従事しなくても一生涯有効です．

答え▶▶▶ア－1，イ－2，ウ－2，エ－2，オ－1

出題傾向

免許に関する日数はよく出題されますので，まとめて暗記しましょう．
- 電波法上の罪を犯したり，免許が取り消された場合は **2** 年を経過しないと免許が与えられない．
- 取消しの処分を受けた日から **10** 日以内に免許証を返納する．
- 免許証の再交付を受けた後，失った免許証を発見した場合は **10** 日以内に発見した免許証を返納する．
- 無線従事者が電波法等に違反したとき，**3** か月以内，業務の従事を停止させられる．

問題 10 ★★★ ➡4.4.5 ➡4.4.6 ➡4.4.7

無線従事者の免許証に関する次の記述のうち，電波法施行規則（第 38 条）及び無線従事者規則（第 50 条及び第 51 条）の規定に照らし，これらの規定に定めるところに適合しないものはどれか．下の 1 から 4 までのうちから一つ選べ．

1 無線従事者は，その業務に従事しているときは，免許証を携帯していなければならない．

2 無線従事者は，免許証を失ったために免許証の再交付を受けようとするときは，申請書に写真 1 枚を添えて総務大臣又は総合通信局長（沖縄総合通信事務所長を含む．）に提出しなければならない．

3 無線従事者は，氏名又は住所に変更を生じたために免許証の再交付を受けようとするときは，申請書に免許証及び氏名又は住所の変更の事実を証する書類を添えて総務大臣又は総合通信局長（沖縄総合通信事務所長を含む．）に提出しなければならない．

4 無線従事者は，免許証の再交付を受けた後失った免許証を発見したときは，その発見した日から 10 日以内にその発見した免許証を総務大臣又は総合通信局長（沖縄総合通信事務所長を含む．以下同じ．）に返納しなければならない．

解説 3 無線従事者免許証は住所の記載欄はありませんので，住所を変更しても免許証の再交付を受ける必要はありません．なお，氏名の変更により免許証の再交付を受けようとする場合，申請書に免許証，写真 1 枚及び氏名の変更の事実を証する書類が必要です．

答え ▶▶▶ 3

Column 第一級陸上無線技術士の資格で教員免許が得られる？

第一級陸上無線技術士（第一級総合無線通信士でもよい）を取得し3年以上の無線通信に関する実地経験があれば，教員免許を取得することができます．実地経験は無線局や放送局での技術操作などが考えられます．

第一級陸上無線技術士の資格で取得できる教員免許状の種類は，高等学校教諭一種免許状（工業），中学校教諭二種免許状（職業）です．

ある県の教員採用試験要項に次のような記述がありました．

［水産（情報通信）については，「水産」，「商船」，「工業」のいずれかの高等学校教諭普通免許状を有する者で，かつ電波法に定める第一級総合無線通信士又は第一級陸上無線技術士の資格を有する者］

5章

無線局の運用

この章から 4~5問 出題

【合格へのワンポイントアドバイス】

通信士の試験とは違い，具体的な無線局の運用方法に関する出題は少なく，「免許状記載事項の遵守（目的外使用の禁止）」，「非常通信又は非常の場合の無線通信」，「通信の秘密の保護」，「混信」の防止などが多く出題されています．この章の内容は，無線従事者免許を取得後，実務に役立つ事項が多くありますのでしっかりと正確に理解しましょう．

5.1 無線局の運用の基本

- 無線局は免許状に記載された目的又は通信の相手方若しくは通信事項の範囲を超えて運用してはならない．ただし，「遭難通信」，「緊急通信」，「安全通信」，「非常通信」を行う場合は，この限りではない．
- 混信は，他の無線局の正常な業務の運行を妨害する電波の発射，輻射，誘導である．無線局は，他の無線局又は電波天文業務用受信設備などに混信や妨害を与えてはならない．
- 無線局は，無線設備の機器の試験又は調整を行うために運用するとき，実験等無線局を運用するときは，なるべく擬似空中線回路を使用しなくてはならない．
- 何人も法律に別段の定めがある場合を除くほか，特定の相手方に対して行われる無線通信を傍受してその存在若しくは内容を漏らし，又はこれを窃用してはならない．

無線局は無線設備及び無線設備の操作を行う者の総体です．無線局を運用するとは，電波を送信や受信して通信を行うことです．電波は空間を拡散して伝搬する性質がありますので，混信や他の無線局への妨害などを考慮する必要があります．無線局の運用を適切に行うことにより，電波を能率的に利用することができます．

電波法令は，無線局の運用の細目を定めていますが，すべての無線局に共通した事項と，それぞれ特有の業務を行う無線局（例えば，船舶局や標準周波数局など）ごとの事項が定められています．すべての無線局の運用に共通する事項を**表 5.1** に示します．

表 5.1　すべての無線局の運用に共通する事項

事項	根拠
(1) 目的外使用の禁止（免許状記載事項の遵守）	(電波法第 52 条，第 53 条，第 54 条，第 55 条)
(2) 混信等の防止	(電波法第 56 条)
(3) 擬似空中線回路の使用	(電波法第 57 条)
(4) 通信の秘密の保護	(電波法第 59 条)
(5) 時計，業務書類等の備付け	(電波法第 60 条)
(6) 無線局の通信方法	(電波法第 58 条，第 61 条，無線局運用規則全般)
(7) 無線設備の機能の維持	(無線局運用規則第 4 条)

5.1.1 目的外使用の禁止（免許状記載事項の遵守）

無線局は免許状に記載されている範囲内で運用しなければなりません．ただし，「遭難通信」，「緊急通信」，「安全通信」，「非常通信」などを行う場合は，免許状に記載されている範囲を超えて運用することができます．

目的外使用の禁止について，電波法第52条～第55条で次のように規定しています．

電波法 第52条（目的外使用の禁止等）

無線局は，免許状に記載された**目的又は通信の相手方若しくは通信事項**（特定地上基幹放送局については放送事項）の範囲を超えて運用してはならない．ただし，次に掲げる通信については，この限りでない．

(1) **遭難通信**（船舶又は航空機が重大かつ急迫の危険に陥った場合に遭難信号を前置する方法その他総務省令で定める方法により行う無線通信をいう．）

(2) **緊急通信**（船舶又は航空機が重大かつ急迫の危険に陥るおそれがある場合その他緊急の事態が発生した場合に緊急信号を前置する方法その他総務省令で定める方法により行う無線通信をいう．）

(3) **安全通信**（船舶又は航空機の航行に対する重大な危険を予防するために安全信号を前置する方法その他総務省令で定める方法により行う無線通信をいう．）

(4) **非常通信**（地震，台風，洪水，津波，雪害，火災，暴動その他非常の事態が発生し，又は発生するおそれがある場合において，有線通信を利用することができないか又はこれを利用することが著しく困難であるときに人命の救助，災害の救援，交通通信の確保又は秩序の維持のために行われる無線通信をいう．）

(5) **放送の受信**

(6) **その他総務省令で定める通信**

※遭難信号：MAYDAY（メーデー）
緊急信号：PAN PAN（パン パン）
安全信号：SECURITE（セキュリテ）

電波法第52条（6）の「その他総務省令で定める通信は，電波法施行規則第37条で規定されています．

電波法施行規則 第37条（免許状の目的等にかかわらず運用することができる通信）抜粋

(1) **無線機器の試験又は調整をする**ために行う通信

(24) 電波の規正に関する通信

（25）電波法第74条（非常の場合の無線通信）第1項に規定する通信の訓練のために行う通信

（33）人命の救助又は人の生命，身体若しくは財産に重大な危害を及ぼす犯罪の捜査若しくはこれらの犯罪の現行犯人若しくは被疑者の逮捕に関し急を要する通信（他の電気通信系統によっては，当該通信の目的を達することが困難である場合に限る．）

電波法　第53条（目的外使用の禁止等）

無線局を運用する場合においては，**無線設備の設置場所，識別信号，電波の型式及び周波数**は，免許状等に記載されたところによらなければならない．ただし，**遭難通信**については，この限りでない．

電波法　第54条（目的外使用の禁止等）

無線局を運用する場合においては，空中線電力は，次の各号の定めるところによらなければならない．ただし，遭難通信については，この限りでない．

（1）免許状等に**記載されたものの範囲内**であること．

（2）通信を行うため**必要最小のもの**であること．

電波法　第55条（目的外使用の禁止等）

無線局は，免許状に記載された**運用許容時間内**でなければ，運用してはならない．ただし，電波法第52条各号に掲げる通信を行う場合及び総務省令で定める場合は，この限りでない．

5.1.2 混信等の防止

電波法施行規則　第2条（定義等）〈抜粋〉

（64）混信は，他の無線局の正常な業務の運行を妨害する電波の発射，輻射又は誘導をいう．

この混信は，無線通信業務で発生するものに限定されており，送電線や高周波設備などから発生するものは含みません．

電波法 第56条（混信等の防止）第1項

無線局は，**他の無線局**又は電波天文業務（宇宙から発する電波の受信を基礎とする天文学のための当該電波の受信の業務をいう.）の用に供する受信設備その他の総務省令で定める受信設備（無線局のものを除く.）で総務大臣が指定するものにその運用を阻害するような混信その他の**妨害を与えないように運用しなければ**ならない. 但し，**遭難通信**，**緊急通信**，**安全通信**，**非常通信**については，この限りではない.

電波法施行規則 第50条の2（指定に係る受信設備の範囲）

電波法第56条第1項に規定する指定に係る受信設備は，次の各号に掲げるもの（**移動**するものを除く.）とする.

(1) 電波天文業務の用に供する受信設備

(2) 宇宙無線通信の電波の受信を行う受信設備

5.1.3 擬似空中線回路の使用

電波法 第57条（擬似空中線回路の使用）

無線局は，次に掲げる場合には，なるべく擬似空中線回路を使用しなければならない.

(1) **無線設備の機器の試験又は調整を行うために運用**するとき.

(2) **実験等無線局を運用**するとき.

「擬似空中線回路」とはアンテナと等価な抵抗，インダクタンス，キャパシタンスを有する，送信機のエネルギーを消費させる回路である. エネルギー（電波）を空中に放射しないので，他の無線局を妨害しないで，無線機器などの試験や調整を行うことができる.

「実験等無線局」とは科学若しくは技術の発達のための実験，電波利用の効率性に関する試験又は電波の利用の需要に関する調査に専用する無線局.

5.1.4 通信の秘密の保護

電波法第59条で，**「何人も法律に別段の定めがある場合を除くほか，特定の相手方に対して行われる無線通信を傍受してその存在若しくは内容を漏らし，又はこれを窃用してはならない.」**と規定され，通信の秘密が保護されています.

電波法 第109条（罰則）

無線局の取扱中に係る無線通信の秘密を漏らし，又は窃用した者は，**1年以下の懲役又は50万円以下の罰金**に処する.

2 **無線通信の業務に従事する者**がその業務に関し知り得た前項の秘密を漏らし，又は窃用したときは，**2年以下の懲役又は100万円以下の罰金**に処する.

法律に別段の定めがある場合は，犯罪捜査などが該当する.「傍受」は自分宛ではない通信を積極的意思をもって受信することである.「窃用」は，無線通信の秘密をその無線通信の発信者又は受信者の意思に反して，自分又は第三者のために利用することをいう.

電波法 第59条（秘密の保護）

何人も法律に別段の定めがある場合を除くほか，**特定の相手方に対して行われる無線通信**（電気通信事業法第4条第1項又は第164条第2項の通信であるものを除く．第109条並びに第109条の2第2項及び第3項において同じ.）を傍受してその**存在若しくは内容**を漏らし，又はこれを窃用してはならない.

5.1.5 時計，業務書類等の備付け

電波法 第60条（時計，業務書類等の備付け）

無線局には，正確な時計及び無線業務日誌その他総務省令で定める書類を備え付けておかなければならない．ただし，総務省令で定める無線局（例えば，アマチュア無線局）については，これらの全部又は一部の備付けを省略することができる.

業務書類等に関しては，本書の6章を参照.

5.1.6 無線局の通信方法

無線局の運用において，通信方法を統一することは，無線局の能率的な運用にかかせません．

無線局の通信方法に関しては，5.3 節「通信の方法」を参照.

電波法 第 61 条（通信方法等）

無線局の呼出し又は応答の方法その他の通信方法，時刻の照合並びに救命艇の無線設備及び方位測定装置の調整その他無線設備の機能を維持するために必要な事項の細目は，総務省令で定める．

問題 1 ★★★ ➡5.1.1

次の記述は，無線局の免許状等(注)に記載された事項の遵守について述べたものである．電波法（第 52 条から第 55 条まで）及び電波法施行規則（第 37 条）の規定に照らし，［　　］内に入れるべき最も適切な字句を下の 1 から 10 までのうちからそれぞれ一つ選べ．

注　免許状又は登録状をいう．

① 無線局は，免許状に記載された［ア］（特定地上基幹放送局については放送事項）の範囲を超えて運用してはならない．ただし，次の (1) から (6) までに掲げる通信については，この限りでない．

(1) 遭難通信　(2) 緊急通信　(3) 安全通信　(4) 非常通信
(5) 放送の受信　(6) その他総務省令で定める通信

② 次の (1) から (4) までに掲げる通信は，①の (6) の「総務省令で定める通信」とする．

(1) ［イ］ために行う通信
(2) 電波の規正に関する通信
(3) 電波法第 74 条（非常の場合の無線通信）第 1 項に規定する通信の訓練のために行う通信
(4) (1) から (3) までに掲げる通信のほか電波法施行規則第 37 条（免許状の目的等にかかわらず運用することができる通信）各号に掲げる通信

③ 無線局を運用する場合においては，［ウ］，識別信号，電波の型式及び周波数は，その無線局の免許状等に記載されたところによらなければならない．ただし，遭難通信については，この限りでない．

④　無線局を運用する場合においては，空中線電力は，次の（1）及び（2）の定めるところによらなければならない．ただし，［　エ　］については，この限りでない．

（1）免許状等に記載されたものの範囲内であること．

（2）通信を行うため［　オ　］であること．

⑤　無線局は，免許状に記載された運用許容時間内でなければ，運用してはならない．ただし，①の（1）から（6）までに掲げる通信を行う場合及び総務省令で定める場合は，この限りでない．

1　目的又は通信の相手方若しくは通信事項
2　無線局の種別，目的又は通信の相手方若しくは通信事項
3　免許人以外の者のための通信であって，急を要するものを送信する
4　無線機器の試験又は調整をする
5　無線設備の設置場所　　6　無線設備
7　遭難通信　　8　遭難通信，緊急通信，安全通信又は非常通信
9　必要十分なもの　　10　必要最小のもの

答え▶▶▶ア－1，イ－4，ウ－5，エ－7，オ－10

出題傾向　下線の部分を穴埋めにした問題も出題されています．

問題 2 ★★ ➡5.1.1

次の記述は，固定局及び陸上移動業務の無線局の免許状に記載された事項の遵守について述べたものである．電波法（第52条から第55条まで）の規定に照らし，［　　］内に入れるべき最も適切な字句を下の1から10までのうちからそれぞれ一つ選べ．なお，同じ記号の［　　］内には，同じ字句が入るものとする．

① 無線局は，免許状に記載された目的又は通信の相手方若しくは通信事項の範囲を超えて運用してはならない．ただし，［ア］については，この限りではない．

② 無線局を運用する場合においては，［イ］，識別信号，電波の型式及び周波数は，免許状又は登録状に記載されたところによらなければならない．ただし，［ウ］，この限りでない．

③ 無線局を運用する場合においては，空中線電力は，次の(1)及び(2)に定めるところによらなければならない．ただし，［ウ］，この限りでない．

(1) 免許状又は登録状に［エ］であること．

(2) 通信を行うために必要最小のものであること．

④ 無線局は，免許状に記載された［オ］でなければ，運用してはならない．ただし，［ア］を行う場合及び総務省令で定める場合は，この限りでない．

1 遭難通信
2 遭難通信，緊急通信，安全通信，非常通信，放送の受信その他総務省令で定める通信
3 無線設備の設置場所
4 無線設備の設置場所，無線設備の常置場所
5 遭難通信については
6 遭難通信，緊急通信，安全通信及び非常通信については
7 記載されたものの範囲内
8 記載されたところのもの
9 運用許容時間内　　10 運用義務時間内

答え▶▶▶ア－2，イ－3，ウ－5，エ－7，オ－9

出題傾向 下線の部分を穴埋めにした問題も出題されています．

5章

問題 3 ★★★ ➡5.1.2

次の記述は，混信等の防止について述べたものである．電波法（第 56 条）及び電波法施行規則（第 50 条の 2）の規定に照らし，[　　]内に入れるべき最も適切な字句の組合せを下の 1 から 5 までのうちから一つ選べ．

① 無線局は，[A]又は電波天文業務（注）の用に供する受信設備その他の総務省令で定める受信設備（無線局のものを除く．）で総務大臣が指定するものにその運用を阻害するような混信その他の[B]ならない．但し，[C]については，この限りでない．

注 宇宙から発する電波の受信を基礎とする天文学のための当該電波の受信の業務をいう．

② ①の指定に係る受信設備は，次の（1）又は（2）に掲げるもの（[D]するものを除く．）とする．

（1）電波天文業務の用に供する受信設備

（2）宇宙無線通信の電波の受信を行う受信設備

	A	B	C	D
1	重要無線通信を行う無線局	妨害を与えない機能を有する無線設備を設けなければ	遭難通信，緊急通信，安全通信又は非常通信	固定
2	他の無線局	妨害を与えないように運用しなければ	遭難通信，緊急通信，安全通信又は非常通信	移動
3	他の無線局	妨害を与えない機能を有する無線設備を設けなければ	遭難通信，緊急通信，安全通信，非常通信又は総務省令で定める通信	移動
4	他の無線局	妨害を与えない機能を有する無線設備を設けなければ	遭難通信，緊急通信，安全通信又は非常通信	固定
5	重要無線通信を行う無線局	妨害を与えないように運用しなければ	遭難通信，緊急通信，安全通信，非常通信又は総務省令で定める通信	移動

答え▶▶▶ 2

問題 4 ★★★ ➡5.1.3

無線局の運用に関する次の事項のうち，電波法（第 57 条）の規定に照らし，無線局がなるべく擬似空中線回路を使用しなければならないときに該当しないものはどれか．下の 1 から 4 までのうちから一つ選べ．

1　総務大臣又は総合通信局長（沖縄総合通信事務所長を含む．）が行う無線局の検査のために無線局を運用するとき．
2　実験等無線局を運用するとき．
3　固定局の無線設備の機器の調整を行うために運用するとき．
4　基幹放送局の無線設備の機器の試験を行うために運用するとき．

答え▶▶▶ 1

関連知識

問題の選択肢に「実用化試験局を運用するとき」が入る場合がありますが，実用化試験局は当該業務を実用に移す目的で試験的に開設する無線局ですので，実際に電波を出して試験を行います（擬似空中線回路を使用しません）．

問題 5 ★★ ➡5.1.3

無線局の運用に関する次の記述のうち，電波法（第 56 条から第 58 条まで）の規定に照らし，これらの規定に定めるところに適合しないものはどれか．下の 1 から 4 までのうちから一つ選べ．

1　無線局は，他の無線局又は電波天文業務（注）の用に供する受信設備その他の総務省令で定める受信設備（無線局のものを除く．）で総務大臣が指定するものにその運用を阻害するような混信その他の妨害を与えないように運用しなければならない．但し，遭難通信，緊急通信，安全通信又は非常通信については，この限りでない．
　注　宇宙から発する電波の受信を基礎とする天文学のための当該電波の受信の業務をいう．
2　アマチュア無線局の行う通信には，暗語を使用してはならない．
3　無線局は，次の（1）又は（2）に掲げる場合には，なるべく擬似空中線回路を使用しなければならない．
　（1）無線設備の機器の試験又は調整を行うために運用するとき．
　（2）実験等無線局を運用するとき．

4　無線局は，電波を発射しようとする場合において，当該電波と周波数を同じくする電波を受信することにより一定の時間自己の電波を発射しないことを確保する機能等総務省令で定める機能を有することにより，他の無線局にその運用を阻害するような混信その他の妨害を与えないように運用することができるものでなければならない．但し，遭難通信については，この限りでない．

答え▶▶▶4

問題 6 ★★★ ➡5.1.4

無線通信(注)の秘密の保護に関する次の記述のうち，電波法（第59条及び第109条）の規定に照らし，これらの規定に定めるところに適合するものを1，これらの規定に定めるところに適合しないものを2として解答せよ．

注　電気通信事業法第4条（秘密の保護）第1項又は第164条（適用除外等）第2項の通信であるのものを除く．

ア　何人も法律に別段の定めがある場合を除くほか，いかなる無線通信も傍受してはならない．

イ　何人も法律に別段の定めがある場合を除くほか，特定の相手方に対して行われる無線通信を傍受してその存在若しくは内容を漏らし，又はこれを窃用してはならない．

ウ　何人も法律に別段の定めがある場合を除くほか，総務省令で定める周波数を使用して行われるいかなる無線通信も傍受してその存在若しくは内容を漏らし，又はこれを窃用してはならない．

エ　無線局の取扱中に係る無線通信の秘密を洩らし，又は窃用した者は，1年以下の懲役又は50万円以下の罰金に処する．

オ　無線通信の業務に従事する者がその業務に関し知り得た無線局の取扱中に係る無線通信の秘密を洩らし，又は窃用したときは，2年以下の懲役又は100万円以下の罰金に処する．

解説　ア～ウ　無線通信の傍受に関しての出題です．アとウの内容が誤りで，正しい内容がイとなります．

エ，オ　無線通信の業務に従事する者が無線通信の秘密を洩らし，又は窃用した場合の罰則は，無線通信の業務に従事していない者の2倍になります．

答え▶▶▶ア－2，イ－1，ウ－2，エ－1，オ－1

5.2 無線通信の原則

● 無線通信の原則（4 項目）

(1) 必要のない無線通信は，これを行ってはならない．

(2) 用語は，できる限り簡潔でなければならない．

(3) 自局の識別信号を付して，その出所を明らかにする．

(4) 正確に行い，誤りは，直ちに訂正する．

無線通信の原則は，国際法である「無線通信規則」（国内法の無線局運用規則と混同しないように注意）の「無線局からの混信」，「局の識別」の規定より定められました．この無線通信の原則は電波法第 1 条の「電波の能率的な利用」にかかわってくる内容です．

無線局運用規則　第 10 条（無線通信の原則）

必要のない無線通信は，これを行ってはならない．

2　**無線通信に使用する用語は，できる限り簡潔**でなければならない．

3　**無線通信を行うときは，自局の識別信号を付して，その出所を明らかに**しなければならない．

4　**無線通信は，正確に行うものとし，通信上の誤りを知ったときは，直ちに訂正**しなければならない．

「識別信号」とは，呼出符号や呼出名称のことである．呼出符号は無線電信，無線電話の両方に使用され，呼出名称は無線電話に使用される．
例えば，中波 AM 放送を行っている NHK 東京第一放送の識別信号（呼出符号）は JOAK である．

問題 7 ★★★ ➡5.2

次の記述のうち，無線局運用規則（第10条）の規定に照らし，一般通信方法における無線通信の原則としてこの規定に定めるところに該当するものを1，これに該当しないものを2として解答せよ．

ア　必要のない無線通信は，これを行ってはならない．

イ　無線通信に使用する用語は，できる限り簡潔でなければならない．

ウ　無線通信は，迅速に行うものとし，できる限り短時間に行わなければならない．

エ　固定業務及び陸上移動業務における通信においては，暗語を使用してはならない．

オ　無線通信は，正確に行うものとし，通信上の誤りを知ったときは，直ちに訂正しなければならない．

解説　ウ　無線通信には，「迅速」や「できるかぎり短時間に」といった定めはありません．

エ　暗語を使用してはならないのは，「実験等無線局及びアマチュア無線局」です（5.3節参照）．

答え▶▶▶ア－1，イ－1，ウ－2，エ－2，オ－1

出題傾向　正誤問題や規定に適合していないものを選ぶ問題が出題されています．

5.3 通信の方法

● 無線局は，相手局を呼び出そうとするときは，電波を発射する前に，受信機を最良の感度に調整し，自局の発射しようとする電波の周波数その他必要と認める周波数によって聴守し，他の通信に混信を与えないことを確かめなければならない．

● アマチュア無線局の行う通信には，暗語を使用することはできない．

通信の方法は無線電信の時代から存在しているので，無線電信の通信の方法が基準になっています．無線電話が開発されたのは無線電信の後なので，無線電話の通信方法は無線電信の通信方法の一部分を読み替えて行います（例えば,「DE」を「こちらは」に読み替える）．アマチュア無線局の行う通信では「暗語」を使用することはできません．無線局は，相手局を呼び出そうとするときは，電波を発射する前に，受信機を最良の感度に調整し，自局の発射しようとする電波の周波数その他必要と認める周波数によって聴守し，他の通信に混信を与えないことを確かめなければなりません．

これらは，電波法第58条，無線局運用規則第19条の2で次のように規定されています．

電波法 第58条（アマチュア無線局の通信）

アマチュア無線局の行う通信には，暗語を使用してはならない．

無線局運用規則 第19条の2（発射前の措置）

無線局は，相手局を呼び出そうとするときは，電波を発射する前に，受信機を最良の感度に調整し，自局の発射しようとする電波の周波数その他必要と認める周波数によって聴守し，他の通信に混信を与えないことを確かめなければならない．ただし，遭難通信，緊急通信，安全通信及び電波法第74条第1項（非常の場合の無線通信）に規定する通信を行う場合並びに海上移動業務以外の業務において他の通信に混信を与えないことが確実である電波により通信を行う場合は，この限りでない．

2 前項の場合において，他の通信に混信を与えるおそれがあるときは，その通信が終了した後でなければ呼出しをしてはならない．

5章

5.3.1 呼出し

無線局運用規則 第20条(呼出し)〈抜粋・一部改変〉

呼出しは，順次送信する次に掲げる事項(以下「呼出事項」という.)によって行うものとする.

(1) 相手局の呼出符号　3回以下
(2) こちらは　1回
(3) 自局の呼出符号　3回以下

5.3.2 呼出しの中止

無線局運用規則 第22条(呼出しの中止)

無線局は，自局の呼出しが他のすでに行われている通信に混信を与える旨の通知を受けたときは，直ちにその呼出しを中止しなければならない．無線設備の機器の試験又は調整のための電波の発射についても同様とする.

2　前項の通知をする無線局は，その通知をするに際し，分で表す概略の待つべき時間を示すものとする.

5.3.3 応　答

無線局運用規則 第23条(応答)〈抜粋・一部改変〉

無線局は，自局に対する呼出しを受信したときは，直ちに応答しなければならない.

2　前項の規定による応答は，順次送信する次に掲げる事項(以下「応答事項」という.)によって行うものとする.

(1) 相手局の呼出符号　3回以下
(2) こちらは　1回
(3) 自局の呼出符号　1回

3　前項の応答に際して直ちに通報を受信しようとするときは，応答事項の次に「どうぞ」を送信するものとする．但し，直ちに通報を受信することができない事由があるときは，「どうぞ」の代りに「お待ち下さい」及び分で表す概略の待つべき時間を送信するものとする．概略の待つべき時間が10分以上のときは，その理由を簡単に送信しなければならない.

5.3.4 不確実な呼出しに対する応答

無線局運用規則 第26条（不確実な呼出しに対する応答）〈一部改変〉

無線局は，自局に対する呼出しであることが確実でない呼出しを受信したときは，その呼出しが反覆され，且つ，自局に対する呼出しであることが確実に判明するまで応答してはならない．

2 自局に対する呼出しを受信した場合において，呼出局の呼出符号が不確実であるときは，応答事項のうち相手局の呼出符号の代りに「誰かこちらを呼びましたか」を使用して，直ちに応答しなければならない．

「誰かこちらを呼びましたか」の代りに，Q符号の「QRZ ?」を使用することもある．

5.3.5 通報の送信

無線局運用規則 第29条（通報の送信）〈抜粋・一部改変〉

呼出しに対し応答を受けたときは，相手局が「お待ち下さい」を送信した場合及び呼出しに使用した電波以外の電波に変更する場合を除いて，直ちに通報の送信を開始するものとする．

2 通報の送信は，次に掲げる事項を順次送信して行うものとする．ただし，呼出しに使用した電波と同一の電波により送信する場合は，(1) から (3) までに掲げる事項の送信を省略することができる．

(1) 相手局の呼出符号 1回
(2) こちらは 1回
(3) 自局の呼出符号 1回
(4) 通報
(5) どうぞ 1回

3 前項の送信において，通報は，「終わり」をもって終わるものとする．

5.3.6 長時間の送信

無線局運用規則 第30条（長時間の送信）〈一部改変〉

無線局は，長時間継続して通報を送信するときは，30分（アマチュア局にあっては10分）ごとを標準として適当に「こちらは」及び自局の呼出符号を送信しなければならない．

5.3.7 通信の終了

無線局運用規則 第38条（通信の終了）〈抜粋・一部改変〉

通信が終了したときは，「さようなら」を送信するものとする．

5.3.8 試験電波の発射

無線局運用規則 第39条（試験電波の発射）〈一部改変〉

無線局は，無線機器の試験又は調整のため電波の発射を必要とするときは，発射する前に自局の発射しようとする電波の**周波数及びその他必要と認める周波数**によって聴守し，**他の無線局の通信に混信を与えないこと**を確かめた後，次の符号を順次送信し，更に**1分間聴守**を行い，他の無線局から停止の請求がない場合に限り，**「本日は晴天なり」**の連続及び自局の呼出符号1回を送信しなければならない．この場合において，「本日は晴天なり」の連続及び自局の呼出符号の送信は，**10秒間**を超えてはならない．

(1) **ただいま試験中**　3回
(2) こちらは　1回
(3) 自局の呼出符号　3回

2 前項の試験又は調整中は，しばしばその電波の周波数により聴守を行い，**他の無線局から停止の要求がないかどうか**を確かめなければならない．

3 第1項後段の規定にかかわらず，海上移動業務以外の業務の無線局にあっては，必要があるときは，10秒間を超えて「本日は晴天なり」の連続及び自局の呼出符号の送信をすることができる．

問題 8 ★ ➡5.3.8

次の記述は，無線電話による試験電波の発射について述べたものである．無線局運用規則（第 39 条，第 14 条及び第 18 条）の規定に照らし，［　　］内に入れるべき最も適切な字句の組合せを下の 1 から 4 までのうちから一つ選べ．なお，同じ記号の［　　］内には，同じ字句が入るものとする．

① 無線局は，無線機器の試験又は調整のため電波の発射を必要とするときは，発射する前に自局の発射しようとする電波の［ A ］によって聴守し，他の無線局の通信に混信を与えないことを確かめた後，次の (1) から (3) までの事項を順次送信し，更に 1 分間聴守を行い，他の無線局から停止の請求がない場合に限り，「［ B ］」の連続及び自局の呼出符号 1 回を送信しなければならない．この場合において，「［ B ］」の連続及び自局の呼出符号の送信は，［ C ］を超えてはならない．

(1) ただいま試験中　3 回
(2) こちらは　1 回
(3) 自局の呼出名称　3 回

② ①の試験又は調整中は，しばしばその電波の周波数により聴守を行い，他の無線局から停止の要求がないかどうかを確かめなければならない．

	A	B	C
1	周波数	試験電波発射中	10 秒間
2	周波数	本日は晴天なり	30 秒間
3	周波数及びその他必要と認める周波数	試験電波発射中	30 秒間
4	周波数及びその他必要と認める周波数	本日は晴天なり	10 秒間

答え ▶▶▶ 4

下線の部分を穴埋めにした問題も出題されています．

5.4 非常通信等

● 非常通信は，「地震，台風，洪水，津波，雪害，火災，暴動その他非常の事態が発生し，又は発生するおそれがある場合において，有線通信を利用することができないか又はこれを利用することが著しく困難であるときに人命の救助，災害の救援，交通通信の確保又は秩序の維持のために行われる無線通信」である．

5.4.1 非常通信

電波法 第52条（目的外使用の禁止等）第4項

非常通信は，地震，台風，洪水，津波，雪害，火災，暴動その他非常の事態が**発生し，又は発生するおそれがある**場合において，**有線通信**を**利用することができないか又はこれを利用することが著しく困難であるとき**に人命の救助，災害の救援，交通通信の確保又は秩序の維持のために行われる無線通信をいう．

無線局は，免許状に記載された目的又は通信の相手方若しくは通信事項（特定地上基幹放送局については放送事項）の範囲を超えて運用してはならないとされていますが，非常通信については，この限りではありません．

無線局運用規則 第136条（取扱の停止）

非常通信の取扱を開始した後，有線通信の状態が復旧した場合は，**すみやかにその取扱を停止**しなくてはならない．

5.4.2 非常の場合の無線通信

電波法 第74条（非常の場合の無線通信）

総務大臣は，地震，台風，洪水，津波，雪害，火災，暴動その他非常の事態が発生し，又は発生するおそれがある場合においては，人命の救助，災害の救援，**交通通信**の確保又は秩序の維持のために必要な通信を**無線局に行わせる**ことができる．

2 その通信を行わせたときは，国は，その通信に要した実費を弁償しなければならない．

「非常の場合の無線通信」と「非常通信」は似ているが,「非常の場合の無線通信」は総務大臣の命令で行わせることに対し,「非常通信」は無線局の免許人の判断で行うものである.混同しないようにしよう.

問題 9 ★★★ ➡5.4.1

次の記述は,非常通信について述べたものである.電波法(第52条)及び無線局運用規則(第136条)の規定に照らし,[ ]内に入れるべき最も適切な字句の組合せを下の1から4までのうちから一つ選べ.

① 非常通信とは,地震,台風,洪水,津波,雪害,火災,暴動その他非常の事態が[A]場合において,有線通信を[B]ときに人命の救助,災害の救援,交通通信の確保又は秩序の維持のために行われる無線通信をいう.

② 非常通信の取扱を開始した後,有線通信の状態が復旧した場合は,[C].

	A	B	C
1	発生した	利用することができない	すみやかにその取扱を停止しなければならない
2	発生し,又は発生するおそれがある	利用することができない	その取扱を停止することができる
3	発生し,又は発生するおそれがある	利用することができないか又はこれを利用することが著しく困難である	すみやかにその取扱を停止しなければならない
4	発生した	利用することができないか又はこれを利用することが著しく困難である	その取扱を停止することができる

答え▶▶▶3

下線の部分を穴埋めにした問題も出題されています.

問題 10 ★★ ➡5.4.1

次の記述のうち，非常通信の定義として正しいものはどれか．電波法（第52条）の規定に照らし，下の1から4までのうちから一つ選べ．

1 地震，台風，洪水，津波，雪害，火災，暴動その他非常の事態が発生した場合において，人命の救助，災害の救援，交通通信の確保又は秩序の維持のために行われる無線通信をいう．
2 地震，台風，洪水，津波，雪害，火災，暴動その他非常の事態が発生し，又は発生するおそれがある場合において，人命の救助，災害の救援，交通通信の確保又は秩序の維持のために行われる無線通信をいう．
3 地震，台風，洪水，津波，雪害，火災，暴動その他非常の事態が発生した場合において，有線通信を利用することができないか又はこれを利用することが著しく困難であるときに人命の救助，災害の救援，交通通信の確保又は秩序の維持のために行われる無線通信をいう．
4 地震，台風，洪水，津波，雪害，火災，暴動その他非常の事態が発生し，又は発生するおそれがある場合において，有線通信を利用することができないか又はこれを利用することが著しく困難であるときに人命の救助，災害の救援，交通通信の確保又は秩序の維持のために行われる無線通信をいう．

答え▶▶▶4

問題 11 ★★ ➡5.4.1 ➡5.4.2

次の記述は，非常通信及び非常の場合の無線通信について述べたものである．電波法（第 52 条及び第 74 条）及び無線局運用規則（第 136 条）の規定に照らし，□内に入れるべき最も適切な字句の組合せを下の 1 から 4 までのうちから一つ選べ．なお，同じ記号の□内には，同じ字句が入るものとする．

① 非常通信とは，地震，台風，洪水，津波，雪害，火災，暴動その他非常の事態が発生し，又は発生するおそれがある場合において，[A]を利用することができないか又はこれを利用することが著しく困難であるときに人命の救助，災害の救援，交通通信の確保又は秩序の維持のために行われる無線通信をいう．

② 総務大臣は，地震，台風，洪水，津波，雪害，火災，暴動その他非常の事態が発生し，又は発生するおそれがある場合においては，人命の救助，災害の救援，交通通信の確保又は秩序の維持のために必要な通信を[B]ことができる．

③ 非常通信の取扱いを開始した後，[A]の状態が復旧した場合は，[C]．

	A	B	C
1	有線通信	無線局に行うように要請する	その取扱いを停止することができる
2	有線通信	無線局に行わせる	速やかにその取扱いを停止しなければならない
3	電気通信業務の通信	無線局に行うように要請する	速やかにその取扱いを停止しなければならない
4	電気通信業務の通信	無線局に行わせる	その取扱いを停止することができる

解説 「非常通信」と「非常の場合の無線通信」を混同しないよう注意しましょう．

非常通信（電波法第 52 条）は，各無線局の判断で行われる目的外の通信で，通信の実施は自己負担です．

非常の場合の無線通信（電波法第 74 条）は，総務大臣が無線局に命じて行わせる無線通信で，通信に要した費用は国から弁償されます．

答え▶▶▶2

下線の部分を穴埋めにした問題も出題されています．

5.5 無線局の運用の特例

● 無線局は免許人（又は登録人）以外の者は運用できないが，災害時など非常時においては，免許人（又は登録人）以外の者であっても運用できる．

無線局は免許人若しくは登録人以外の者は運用できませんが，災害時などは，免許人又は登録人以外の者であっても運用できるようになりました．

5.5.1 非常時運用人による無線局の運用

電波法　第 70 条の 7（非常時運用人による無線局の運用）

無線局（その運用が，専ら簡易な操作によるものに限る.）の免許人等は，地震，台風，洪水，津波，雪害，火災，暴動その他非常の事態が発生し，又は発生するおそれがある場合において，人命の救助，災害の救援，交通通信の確保又は秩序の維持のために必要な通信を行うときは，当該無線局の免許等が効力を有する間，**当該無線局を自己以外の者に運用させる**ことができる．

2　無線局を自己以外の者に運用させた免許人等は，遅滞なく，当該無線局を運用する自己以外の者（「非常時運用人」という.）の氏名又は名称，非常時運用人による運用の期間その他の総務省令で定める事項を**総務大臣に届け出**なければならない．

3　免許人等は，当該無線局の運用が適正に行われるよう，総務省令で定めるところにより，非常時運用人に対し，**必要かつ適切な監督**を行わなければならない．

5.5.2 免許人以外の者による特定の無線局の簡易な操作による運用

電波法　第 70 条の 8（免許人以外の者による特定の無線局の簡易な操作による運用）第 1 項（抜粋）

電気通信業務を行うことを目的として開設する無線局（総務省令で定めるものに限る.）の免許人は，当該無線局の免許人以外の者による運用（簡易な操作によるものに限る.）が**電波の能率的な利用**に資するものである場合には，当該無線局の免許が効力を有する間，**自己以外の者に当該無線局の運用**を行わせることができる．

5.5.3 登録人以外の者による登録局の運用

電波法 第70条の9（登録人以外の者による登録局の運用）第1項〈抜粋〉

登録局の登録人は，当該登録局の登録人以外の者による運用が電波の能率的な利用に資するものであり，かつ，他の無線局の運用に混信その他の妨害を与えるおそれがないと認める場合には，当該登録局の登録が効力を有する間，当該登録局を自己以外の者に運用させることができる．

5.5.2項及び5.5.3項においても，5.5.1項と同様に，無線局を自己以外の者に運用させた免許人等は，遅滞なく，当該無線局を運用する自己以外の者（「非常時運用人」という.）の氏名又は名称，非常時運用人による運用の期間その他の総務省令で定める事項を総務大臣に届け出なければならない．また，免許人等は，当該無線局の運用が適正に行われるよう，総務省令で定めるところにより，非常時運用人に対し，必要かつ適切な監督を行わなければならない．

問題 12 ★★★ ➡5.5.1

次の記述は，非常時運用人による無線局（登録局を除く.）の運用について述べたものである．電波法（第70条の7）の規定に照らし，［　　］内に入れるべき最も適切な字句の組合せを下の1から4までのうちから一つ選べ．

① 無線局（注1）の免許人は，地震，台風，洪水，津波，雪害，火災，暴動その他非常の事態が発生し，又は発生するおそれがある場合において，人命の救助，災害の救援，交通通信の確保又は秩序の維持のために必要な通信を行うときは，当該無線局の免許が効力を有する間，［ A ］ことができる．

注1 その運用が，専ら電波法第39条（無線設備の操作）第1項本文の総務省令で定める簡易な操作によるものに限る．以下同じ．

② ①により無線局を自己以外の者に運用させた免許人は，遅滞なく，非常時運用人（注2）の氏名又は名称，非常時運用人による運用の期間その他の総務省令で定める［ B ］なければならない．

注2 当該無線局を運用する自己以外の者をいう．以下同じ．

③ ②の免許人は，当該無線局の運用が適正に行われるよう，総務省令で定めるところにより，非常時運用人に対し，［ C ］を行わなければならない．

	A	B	C
1	当該無線局を自己以外の者に運用させる	事項を記録し，非常時運用人に無線局を運用させた日から2年間これを保存し	無線局の運用に関し適切な支援
2	総務大臣の許可を受けて当該無線局を自己以外の者に運用させる	事項を記録し，非常時運用人に無線局を運用させた日から2年間これを保存し	必要かつ適切な監督
3	総務大臣の許可を受けて当該無線局を自己以外の者に運用させる	事項を総務大臣に届け出	無線局の運用に関し適切な支援
4	当該無線局を自己以外の者に運用させる	事項を総務大臣に届け出	必要かつ適切な監督

答え▶▶▶4

問題 13 ★★★ ➡5.5.1 ➡5.5.2 ➡7.4.3

次の記述は，免許人以外の者による特定の無線局の簡易な操作による運用について述べたものである．電波法（第70条の7，第70条の8及び第81条）及び電波法施行令（第5条）の規定に照らし，［　　］内に入れるべき最も適切な字句を下の1から10までのうちからそれぞれ一つ選べ．

① 電気通信業務を行うことを目的として開設する無線局(注1)の免許人は，当該無線局の免許人以外の者による運用（簡易な操作によるものに限る．以下同じ．）が［ア］に資するものである場合には，当該無線局の免許が効力を有する間，［イ］の運用を行わせることができる(注2)．

注1 無線設備の設置場所，空中線電力等を勘案して，簡易な操作で運用することにより他の無線局の運用を阻害するような混信その他の妨害を与えないように運用することができるものとして総務省令で定めるものに限る．

2 免許人以外の者が電波法第5条（欠格事由）第3項各号のいずれかに該当するときを除く．

② ①により自己以外の者に無線局の運用を行わせた免許人は，遅滞なく，当該無線局を運用する自己以外の者の氏名又は名称，当該自己以外の者による運用の期間その他の総務省令で定める［ウ］なければならない．

③ ①により自己以外の者に無線局の運用を行わせた免許人は，当該無線局の運用が適正に行われるよう，総務省令で定めるところにより，［エ］を行わなければならない．

④ 総務大臣は，無線通信の秩序の維持その他無線局の適正な運用を確保するため必要があると認めるときは，①により無線局の運用を行う当該無線局の免許人以外の者に対し，[オ] ことができる.

1 第三者の利益　　2 電波の能率的な利用
3 総務大臣の許可を受けて自己以外の者に当該無線局
4 自己以外の者に当該無線局　　5 事項を総務大臣に届け出
6 事項に関する記録を作成し，当該自己以外の者による無線局の運用が終了した日から 2 年間保存し
7 当該自己以外の者に対し，必要かつ適切な監督
8 当該自己以外の者の要請に応じ，適切な支援
9 無線局の運用の停止を命ずる　　10 無線局に関し報告を求める

解説 ④は電波法第 81 条に規定されています（7.4.3 参照）.

答え▶▶▶ア－2，イ－4，ウ－5，エ－7，オ－10

5.6 地上基幹放送局の運用

地上基幹放送局の運用方法は，地上基幹放送試験局，衛星基幹放送局，衛星基幹放送試験局にも適用される．

5.6.1 呼出符号等の放送

呼出符号等の放送は，無線局運用規則第 138 条で次のように規定されています．

無線局運用規則 第 138 条（呼出符号等の放送）

地上基幹放送局及び地上一般放送局は，放送の開始及び終了に際しては，自局の呼出符号又は呼出名称（国際放送を行う地上基幹放送局にあっては，**周波数及び送信方向**を，テレビジョン放送を行う地上基幹放送局及びエリア放送を行う地上一般放送局にあっては，呼出符号又は呼出名称を表す文字による視覚の手段を併せて）を放送しなければならない．ただし，これを放送することが困難であるか又は不合理である地上基幹放送局若しくは地上一般放送局であって，別に告示するものについては，この限りでない．

2　地上基幹放送局及び地上一般放送局は，放送している時間中は，**毎時 1 回以上**自局の呼出符号又は呼出名称（国際放送を行う地上基幹放送局にあっては，**周波数及び送信方向**を，テレビジョン放送を行う地上基幹放送局及びエリア放送を行う地上一般放送局にあっては，呼出符号又は呼出名称を表す文字による視覚の手段を併せて）を放送しなければならない．ただし，前項ただし書に規定する**地上基幹放送局若しくは地上一般放送局の場合又は放送の効果を妨げるおそれがある場合**は，この限りではない．

3　前項の場合において地上基幹放送局及び地上一般放送局は，国際放送を行う場合を除くほか，自局であることを容易に識別することができる方法をもって自局の呼出符号又は呼出名称に代えることができる．

5.6.2 試験電波の発射

試験電波の発射は，無線局運用規則第 139 条で次のように規定されています．

無線局運用規則 第 139 条（試験電波の発射）

地上基幹放送局及び地上一般放送局は，無線機器の試験又は調整のため電波の発射を必要とするときは，発射する前に自局の発射しようとする電波の周波数及び**その他必要と認める周波数**によって聴守し，他の無線局の通信に混信を与えないことを確かめた後でなければその電波を発射してはならない．

この電波の発射前の措置は通常の無線通信と同じ.

2　地上基幹放送局及び地上一般放送局は，前項の電波を発射したときは，その電波の発射の直後及びその発射中**10分**ごとを標準として，試験電波である旨及び「こちらは（外国語を使用する場合は，これに相当する語)」を前置した自局の呼出符号又は呼出名称（テレビジョン放送を行う地上基幹放送局及びエリア放送を行う地上一般放送局は，呼出符号又は呼出名称を表す文字による視覚の手段を併せて）を放送しなければならない.

3　地上基幹放送局及び地上一般放送局が試験又は調整のために送信する音響又は映像は，当該試験又は調整のために必要な範囲内のものでなければならない.

4　地上基幹放送局及び地上一般放送局において試験電波を発射するときは，無線局運用規則第14条第1項の規定にかかわらず**レコード又は低周波発振器による音声出力**によってその電波を変調することができる.

無線局運用規則第14条第1項の規定：無線電話による通信の業務用語には，定められた略語を使用するものとされている．この場合の定められた略語は，「ただいま試験中」，「本日は晴天なり」が該当する.

5章

問題 14 ★★　➡5.6.1

次の記述は，地上基幹放送局の呼出符号等の放送について述べたものである．無線局運用規則（第138条）の規定に照らし，［　　］内に入れるべき最も適切な字句の組合せを下の1から4までのうちから一つ選べ．なお，同じ記号の［　　］内には，同じ字句が入るものとする.

① 地上基幹放送局は，放送の開始及び終了に際しては，自局の呼出符号又は呼出名称（国際放送を行う地上基幹放送局にあっては，［ A ］を，テレビジョン放送を行う地上基幹放送局にあっては，呼出符号又は呼出名称を表す文字による視覚の手段を併せて）を放送しなければならない．ただし，これを放送することが困難であるか又は不合理である地上基幹放送局であって，別に告示するものについては，この限りでない.

② 地上基幹放送局は，放送している時間中は，［ B ］自局の呼出符号又は呼出名称（国際放送を行う地上基幹放送局にあっては，［ A ］を，テレビジョン放送を行う地上基幹放送局にあっては，呼出符号又は呼出名称を表す文字による視

覚の手段を併せて）を放送しなければならない．ただし，①のただし書に規定する［ C ］は，この限りでない．

③　②の場合において地上基幹放送局は，国際放送を行う場合を除くほか，自局であることを容易に識別することができる方法をもって自局の呼出符号又は呼出名称に代えることができる．

	A	B	C
1	周波数及び送信方向	毎時1回以上	地上基幹放送局の場合又は放送の効果を妨げるおそれがある場合
2	周波数及び送信方向	1日1回以上	地上基幹放送局の場合
3	周波数及び空中線電力	毎時1回以上	地上基幹放送局の場合
4	周波数及び空中線電力	1日1回以上	地上基幹放送局の場合又は放送の効果を妨げるおそれがある場合

答え▶▶▶1

出題傾向　下線の部分を穴埋めにした問題も出題されています．

問題15 ★

➡5.6.2

次の記述は，地上基幹放送局の試験電波の発射について述べたものである．無線局運用規則（第139条）の規定に照らし，［　　］内に入れるべき最も適切な字句の組合せを下の1から4までのうちから一つ選べ．

①　地上基幹放送局は，無線機器の試験又は調整のため電波の発射を必要とするときは，発射する前に自局の発射しようとする電波の周波数及び［ A ］によって聴守し，他の無線局の通信に混信を与えないことを確かめた後でなければ，その電波を発射してはならない．

②　地上基幹放送局は，①の電波を発射したときは，その電波の発射の直後及びその発射中［ B ］ごとを標準として，試験電波である旨及び「こちらは（外国語を使用する場合は，これに相当する語）」を前置した自局の呼出符号又は呼出名称（テレビジョン放送を行う地上基幹放送局は，呼出符号又は呼出名称を表す文字による視覚の手段を併せて）を放送しなければならない．

③　地上基幹放送局が試験又は調整のために送信する音響又は映像は，当該試験又は調整のために必要な範囲内のものでなければならない．

④　地上基幹放送局において試験電波を発射するときは，無線局運用規則第14条（業務用語）第1項の規定にかかわらず［ C ］によってその電波を変調することができる．

	A	B	C
1	その他必要と認める周波数	30 分	試験中であることを示す適宜の音声
2	その他必要と認める周波数	10 分	レコード又は低周波発振器による音声出力
3	同一放送区域にある他の地上基幹放送局の周波数	10 分	試験中であることを示す適宜の音声
4	同一放送区域にある他の地上基幹放送局の周波数	30 分	レコードまたは低周波発振器による音声出力

答え▶▶▶2

Column **基幹放送と一般放送**

近年の通信や放送分野のデジタル化の進展に伴い，通信と放送を融合化するため放送法の体系の見直しが行われました．その結果，有線テレビジョン放送法，有線ラジオ放送法，電気通信役務利用放送法が廃止されて放送法に統合され，放送は「基幹放送」と「一般放送」になりました．

基幹放送とは放送用に専ら又は優先的に割り当てられた周波数を使用する放送で，「地上基幹放送」「衛星基幹放送」「移動受信用地上基幹放送」の 3 種類があります．無線通信で行われる放送であり，旧放送法で規定されている放送が該当します．

一般放送には，有線テレビジョン放送法，有線ラジオ放送法，電気通信役務利用放送法で規定されていた放送が該当します．

旧放送法では，放送施設の設置，運用のハードと放送業務のソフト一致が原則で，ハードとソフトの分離は衛星放送等で委託放送や受託放送制度があるだけでした．しかし，新放送法では，ハード・ソフト分離で放送業務を行う「認定基幹放送事業者」とハード・ソフト一致で地上放送を行う「特定地上基幹放送事業者」に区別されました．すなわち,「認定基幹放送事業者」は地上放送においてもハード・ソフト分離が可能となりました．

テレビジョン放送を事業者で区分すると，地上波デジタルテレビジョン放送は特定基幹放送事業者，BS テレビジョン放送は認定基幹放送事業者，ケーブルテレビジョン放送は一般放送事業者ということになります．

まとめると次のようになります．

- **今までの放送**：公衆によって直接受信されることを目的とする無線通信の送信
- **今までの有線放送**：公衆によって直接受信されることを目的とする有線電気通信の送信
- **現在の放送**：公衆によって直接受信されることを目的とする電気通信の送信

5.7 業務別の無線局の運用

● 実験等無線局及びアマチュア無線局は暗語の使用はできない.

無線局の業務には多くの種類（例えば，航空移動業務，航空移動衛星業務，航空無線航行業務など）があり，それぞれ運用法が規定されています.

ここでは，第一級陸上無線技術士に出題される，「簡易無線局の運用」（無線局運用規則第128条の2），「宇宙無線通信の業務の無線局の運用」（無線局運用規則第262条），「特定実験試験局の運用」（無線局運用規則第263条）の条文のみを紹介します.

5.7.1 簡易無線局の運用

無線局運用規則 第128条の2（簡易無線局の通信時間）

簡易無線局においては，1回の通信時間は5分を超えてはならないものとし，1回の通信を終了した後においては，1分以上経過した後でなければ再び通信を行ってはならない．ただし，遭難通信，緊急通信，安全通信及び電波法第74条第1項に規定する通信を行う場合及び時間的又は場所的理由により他に通信を行う無線局のないことが確実である場合は，この限りではない.

電波法第74条第1項に規定する通信は，「非常の場合の無線通信」のことである.

5.7.2 宇宙無線通信の業務の無線局の運用

無線局運用規則 第262条（混信の防止）

対地静止衛星に開設する人工衛星局以外の人工衛星局及び当該人工衛星局と通信を行う地球局は，その発射する電波が対地静止衛星に開設する人工衛星局と**固定地点の地球局**との間で行う無線通信又は対地静止衛星に開設する衛星基幹放送局の放送の受信に混信を与えるときは，当該混信を除去するために必要な措置を執らなければならない.

2　対地静止衛星に開設する人工衛星局と対地静止衛星の軌道と異なる軌道の他の

人工衛星局との間で行われる無線通信であって，当該他の人工衛星局と地球の地表面との**最短距離**が対地静止衛星に開設する人工衛星局と地球の地表面との**最短距離**を超える場合にあっては，対地静止衛星に開設する人工衛星局の送信空中線の最大輻射の方向と当該人工衛星局と対地静止衛星の軌道上の任意の点とを結ぶ直線との間でなす角度が**15度**以下とならないよう運用しなければならない.

3　12.2〔GHz〕を超え12.44〔GHz〕以下の周波数の電波を受信する無線設備規則第54条の3第1項において，無線設備の条件が定められている地球局が受信する電波の周波数の制御を行う地球局は，12.2〔GHz〕を超え12.44〔GHz〕以下の周波数の電波を使用する固定局からの混信を回避するため，当該電波を受信する地球局の受信周波数を適切に選択しなければならない.

「対地静止衛星」とは地球の赤道面上に円軌道を有し，かつ，地球の自転軸を軸として地球の自転と同一の方向及び周期で回転する人工衛星のこと．放送衛星，通信衛星，気象衛星などがある.

5.7.3 特定実験試験局の運用

無線局運用規則　第263条（混信の防止）

無線局根本基準第6条第2項に規定する特定実験試験局は，その発射する電波の周波数と同一の周波数を使用する他の実験試験局の運用を阻害するような混信を与え，又は与えるおそれがあるときは，当該実験試験局の免許人相互間において無線局の運用に関する調整を行い，当該混信又は当該混信を与えるおそれを除去するために必要な措置を執らなければならない.

2　前項の規定は，無線局（実験試験局を除く.）の運用を阻害するような混信を与え，又は与えるおそれがあるときについて準用する．この場合において，同項中「ときは，当該実験試験局の免許人相互間において無線局の運用に関する調整を行い」とあるのは、「ときは」と読み替えるものとする.

3　前二項の規定は，**無線局の開設を予定している者**との調整について準用する.

無線局（基幹放送局を除く.）の開設の根本的基準　第6条（実験試験局）第2項

2　総務大臣が公示する**周波数，当該周波数の使用が可能な地域及び期間並びに空中線電力の範囲内**で開設する実験試験局（以下この項において「特定実験試験局」という.）は，前項各号の条件を満たすほか，その特定実験試験局を開設しようとする地域及びその周辺の地域に，現にその特定実験試験局が希望する周波数と同一の周波数を使用する他の無線局が開設されており，その既設の無線局の運用を阻害するような混信その他の妨害を与えるおそれがある場合は，それを回避するためにその特定実験試験局を開設しようとする者と当該既設の無線局の免許人との間において各無線局の運用に関する調整その他の当該既設の無線局の運用を阻害するような混信その他の妨害を防止するために必要な措置がとられているものでなければならない．

問題 16 ★ ➡ 5.7.2

次の記述は，宇宙無線通信の業務の無線局の運用について述べたものである．無線局運用規則（第262条）の規定に照らし，[　　]内に入れるべき最も適切な字句の組合せを下の1から4までのうちから一つ選べ．なお，同じ記号の[　　]内には，同じ字句が入るものとする．

① 対地静止衛星（注）に開設する人工衛星局以外の人工衛星局及び当該人工衛星局と通信を行う地球局は，その発射する電波が対地静止衛星に開設する人工衛星局と[A]との間で行う無線通信又は対地静止衛星に開設する衛星基幹放送局の放送の受信に混信を与えるときは，当該混信を除去するために必要な措置を執らなければならない．

注　地球の赤道面上に円軌道を有し，かつ，地球の自転軸を軸として地球の自転と同一の方向及び周期で回転する人工衛星をいう．以下同じ．

② 対地静止衛星に開設する人工衛星局と対地静止衛星の軌道と異なる軌道の他の人工衛星局との間で行われる無線通信であって，当該他の人工衛星局と地球の地表面との[B]が対地静止衛星に開設する人工衛星局と地球の地表面との[B]を超える場合にあっては，対地静止衛星に開設する人工衛星局の送信空中線の最大輻射の方向と当該人工衛星局と対地静止衛星の軌道上の任意の点とを結ぶ直線との間でなす角度が[C]以下とならないよう運用しなければならない．

	A	B	C
1	地球局（移動する地球局を含む．）	最短距離	15度
2	固定地点の地球局	最長距離	20度
3	地球局（移動する地球局を含む．）	最長距離	20度
4	固定地点の地球局	最短距離	15度

答え ▶▶▶ 4

問題 17 ★ ➡ 5.7.3

次の記述は，特定実験試験局の運用について述べたものである．無線局運用規則（第 263 条）の規定に沿って述べたものである．[ ] 内に入れるべき最も適切な字句の組合せを下の 1 から 4 までのうちから一つ選べ．

① 総務大臣が公示する [A] の範囲内で開設する実験試験局（以下「特定実験試験局」という．）は，その発射する電波の周波数と同一の周波数を使用する他の特定実験試験局の運用を阻害するような混信を与え，又は与えるおそれがあるときは，当該特定実験試験局の免許人相互間において特定実験試験局の運用に関する調整を行い，当該混信又は当該混信を与えるおそれを除去するために必要な措置を執らなければならない．

② ①の規定は，[B] との調整について準用する．

	A	B
1	周波数，当該周波数の使用が可能な期間及び地域並びに空中線電力	特定実験試験局の開設を予定している者
2	周波数，当該周波数の使用が可能な期間及び空中線電力	他の無線局の免許人
3	周波数，当該周波数の使用が可能な地域及び空中線電力	特定実験試験局の開設を予定している者
4	周波数，当該周波数の使用が可能な期間及び地域	他の無線局の免許人

答え ▶▶▶ 1

Column 遭難通信と非常通信

山で遭難している者を見つけたアマチュア無線家が免許状の記載範囲外の救助要請を行うために通信する場合は遭難通信でしょうか．そうではありません．遭難通信は「船舶又は航空機が重大かつ急迫の危険に陥った場合に遭難信号を前置する方法その他総務省令で定める方法により行う無線通信をいう．」と規定されています．遭難通信はあくまで船舶又は航空機が遭難信号を前置して行う通信です．したがって，アマチュア無線家が行う通信は非常通信ということになります．

6章

業務書類等

この章から 0~1問 出題

【合格へのワンポイントアドバイス】

「時計及び業務書類等の備付け」，「基幹放送局に備付けを要する業務書類」，「無線業務日誌への記載事項」など，極めて限定的な範囲の出題で，最近は単独での出題はほとんどなく，5章（運用）の一部として出題されています．

6.1 備付けを要する業務書類等

● 無線局には，正確な時計及び無線業務日誌その他総務省令で定める書類を備え付けておかなければならない．

電波法　第60条（時計，業務書類等の備付け）

無線局には，正確な時計及び無線業務日誌その他総務省令で定める書類を備え付けておかなければならない．ただし，総務省令で定める無線局については，これらの全部又は一部の備付けを省略することができる．

6.1.1 時　計

電波法第1条の「電波の能率的な利用の確保」を実現する意味でも，正確な通信時刻，放送時刻を知ることは大切です．そのため，無線局に正確に時を刻む時計を備え付けておかなければなりません．

無線局運用規則　第3条（時計）

電波法第60条の時計は，その時刻を毎日1回以上中央標準時又は協定世界時に照合しておかなければならない．

協定世界時（UTC）：UTC（Coordinated Universal Time）（英語名の頭文字を並べると文字の順番が合わないが，世界時UTに合わせたという説もある）．時間のものさしは国際原子時によって得られるが，原子時にうるう秒を入れて世界時から離れないようにしたもので，民間の時計の基礎となっている（詳しくはp.188のコラムを参照）．

6.1.2 業務書類

電波法第60条の規定により備え付けておかなければならない書類は，電波法施行規則第38条で定められています．

例えば，基幹放送局で備え付けなければならない書類には次のようなものがあります．

（1）免許状

（2）無線局の免許の申請書の添付書類の写し（再免許を受けた無線局にあっては，最近の再免許の申請に係るもの並びに無線局免許手続規則第16条の2

の規定により無線局事項書の記載を省略した部分を有する無線局事項書（その記載を省略した部分のみのものとする.）及び同規則第17条の規定により提出を省略した工事設計書と同一の記載内容を有する工事設計書の写し）

(3) 無線局の変更の申請（届）書の添付書類の写し

(2), (3) については，総務大臣又は総合通信局長が写しと証明したもの．書類が電磁的方法で記録されたものであるときは，その記録を必要に応じ直ちに表示することができる電子計算機その他の機器を備えなければならない．

電波法施行規則　第38条（備付けを要する業務書類）第3項

遭難自動通報局（携帯用位置指示無線標識のみを設置するものに限る.），船上通信局，陸上移動局，携帯局，無線標定移動局，携帯移動地球局，陸上を移動する地球局であって停止中にのみ運用を行うもの又は移動する実験試験局（宇宙物体に開設するものを除く.），アマチュア局（人工衛星に開設するものを除く.），簡易無線局若しくは気象援助局にあっては，第1項の規定にかかわらず，その無線設備の**常置場所**（VSAT地球局にあっては，当該VSAT地球局の送信の制御を行う他の一の地球局（以下「VSAT制御地球局」という.）の無線設備の設置場所とする.）に同項の**免許状を備え付けなければならない**.

関連知識　無線局検査結果通知書

落成後の検査（新設検査），変更検査，定期検査などの検査結果は，「無線局検査結果通知書」により免許人等に通知されます．免許人等は，検査の結果について総務大臣又は総合通信局長から指示を受け相当の措置をしたときは，速やかにその措置の内容を総務大臣又は総合通信局長に報告しなければなりません．

6章

問題 1 ★ ➡6.1.2

次に掲げる業務書類のうち，電波法施行規則（第38条）の規定により基幹放送局に備え付けておかなければならないものを1，備え付けることを要しないものを2として解答せよ．

ア　免許状

イ　電波法及びこれに基づく命令の集録（無人方式の無線設備の放送局以外の放送局に限る．）

ウ　無線局の免許の申請書の添付書類の写し（再免許を受けた無線局にあっては，最近の再免許の申請に係るもの並びに無線局免許手続規則第16条（再免許の申請）の規定により無線局事項書の記載を省略した部分を有する無線局事項書（その記載を省略した部分のみのものとする．）及び同規則第18条の2（工事設計書等の提出の省略等）の規定により提出を省略した工事設計書と同一の記載内容を有する工事設計書の写し）

エ　無線従事者選解任届の写し

オ　免許証

解説　イ「電波法及びこれに基づく命令の集録の備付け」は，平成21年の電波法施行規則改正により備付け書類から除外されました．

答え▶▶▶ア－1，イ－2，ウ－1，エ－2，オ－2

6.2 無線業務日誌

●電波法第60条に規定する無線業務日誌には，所定の事項を記載しなければならない．ただし，総務大臣又は総合通信局長において特に必要がないと認めた場合は，記載事項の一部を省略することができる．

電波法第60条に規定する無線業務日誌には，毎日次に掲げる事項を記載しなければなりません．ただし，総務大臣又は総合通信局長において特に必要がないと認めた場合は，記載事項の一部を省略することができます．

無線業務日誌に記載しなければならない事項は，電波法施行規則第40条にて規定されています．

例えば，基幹放送局においては，次に示す事項を無線業務日誌に記載しなくてはなりません．

(1) 無線従事者（主任無線従事者の監督を受けて無線設備の操作を行う者を含む．）の氏名，資格及び服務方法（変更のあったときに限る．）
(2) 発射電波の周波数の偏差を測定したときは，その結果及び許容偏差を超える偏差があるときは，その措置の内容
(3) 機器の故障の事実，原因及びこれに対する措置の内容
(4) 電波の規正について指示を受けたときは，その事実及び措置の内容
(5) 使用電波の周波数別の放送の開始及び終了の時刻（短波放送を行う基幹放送局の場合に限る．）
(6) 運用規則第138条の2（緊急警報信号の使用）の規定により緊急警報信号を使用して放送したときは，そのたびごとにその事実（受信障害対策中継放送又は同一人に属する他の基幹放送局の放送番組を中継する方法のみによる放送を行う基幹放送局の場合を除き，緊急警報信号発生装置をその業務に用いる者に限る．）
(7) 予備送信機又は予備空中線を使用した場合は，その時間
(8) 運用許容時間中において任意に放送を休止した時間
(9) 放送が中断された時間
(10) 遭難通信，緊急通信，安全通信及び電波法第74条第1項（非常の場合の無線通信）に規定する通信を行ったときは，そのたびごとにその通信の概要及びこれに対する措置の内容

(11) その他参考となる事項

使用を終わった無線業務日誌は，使用を終わった日から2年間保存しなければなりません．

問題 2 ★ ➡6.2

次に掲げる事項のうち，放送局に備え付ける無線業務日誌に記載しなければならない事項に該当しないものはどれか．電波法施行規則（第40条）の規定に照らし，下の1から4までのうちから選べ．

1 放送が中断された時間
2 使用電波の型式及び周波数
3 機器の故障の事実，原因及びこれに対する措置の内容
4 予備送信機又は予備空中線を使用した場合は，その時間

答え▶▶▶2

Column 天文秒から原子秒へ（世界時UTと協定世界時UTC）

地球の自転から定義される1秒の単位は1平均太陽日の1/86 400です．世界時UTには次に示すUT0～UT2の三つのUTがあります．

UT0：天文台が恒星の子午線通過を観測することで直接測定
UT1：UT0を地軸のぶれを考慮して補正したもの
UT2：UT1を地球の自転速度の季節変動に関して補正したもの

UTは時刻としては重要ですが，地球のさまざまな影響を受けるため，科学技術の発達につれて不便になってきました．そこで，1967年に秒の定義が変更になり，「セシウム133原子の基底状態の二つの超微細構造間の遷移における放射の9 192 631 770周期の継続時間」とされました．現在，原子時には，「国際原子時TAI」と「協定世界時UTC」の2種類があります．

原子時は世界時と比較すると非常に正確です．原子時にうるう秒を挿入して，世界時UT1に0.9秒以内に合わせ日常生活に用いるようにしたのが，協定世界時UTCです[8, 9]．

7章

監　督　等

この章から 3問 出題

【合格へのワンポイントアドバイス】

公益上必要な監督としての「周波数の変更命令」，不適法運用の監督としての「臨時の電波の発射の停止」，「無線局の免許の取消し」，「無線従事者の免許の取消し」など，遭難通信や非常通信を行ったとき・電波法令に違反して運用している無線局を認めた場合などに行う「総務大臣への報告」などはほぼ毎回出題されています．その他，電波法に違反した場合の罰則について出題されていますが，範囲は限られています．

7.1 監督の種類と意義

● 監督には，「公益上必要な監督」，「不適法運用等の監督」，「一般的な監督」の3種類がある．

監督というイメージは，無線局の不適法な運用などを摘発するというイメージが強い感じがします．ここでいう監督は，国が電波法令に規定している事項を達成するために，電波の規整，違法行為の予防，摘発，排除及び制裁，点検や検査などの権限を有するものです．また，免許人や無線従事者はこれらの命令に従わなければなりません．具体的には**表7.1**に示すように，「公益上必要な監督」，「不適法運用等の監督」，「一般的な監督」の3種類があります．

■表7.1　監督の種類

	監督の種類	内　容
①	公益上必要な監督	電波の利用秩序の維持など公益上必要のある場合，「周波数若しくは空中線電力又は人工衛星局の設置場所」の変更命令，特定周波数変更対策業務，非常の場合の無線通信を行わせるなど．（電波の規整）
②	不適法運用等の監督	「技術基準適合命令」，「臨時の電波の発射停止」，「無線局の免許内容制限及び運用停止，無線局の免許取消し・登録取消し」，「無線従事者の免許取消し又は従事停止」，「免許を要しない無線局及び受信設備に対する電波障害除去の措置命令」などを行う．（電波の規正）
③	一般的な監督 （電波法令の施行を確保するための監督）	無線局の定期検査及び臨時検査，無線局以外の受信設備，許可の必要な高周波利用設備の検査，電波監視の実施などを行う．

＊上記①は免許人の責任となる事由のない場合，②は免許人の責任となる事由がある場合です．

電波の「規整」と「規正」について
・「規整」は周波数配分の調整など
・「規正」は電波の質の是正
を意味する．

7.2 公益上必要な監督

- 電波の規整その他公益上必要があるときは，無線局の周波数若しくは空中線電力の指定を変更し，又は登録局の周波数若しくは空中線電力若しくは人工衛星局の無線設備の設置場所の変更を命ずることができる．ただし，「電波の型式」，「識別信号」，「運用許容時間」に関しては変更することは許されない．
- 総務大臣は非常の場合の無線通信を無線局に行わせることができ，国は，その通信に要した実費を弁償しなくてはならない．

免許の有効期間中であっても，公益上の必要性から周波数，空中線電力，人工衛星局の無線設備場所の変更が必要となる場合があります．総務大臣は，これらの変更を命令することができますが，その範囲は周波数，空中線電力，人工衛星局の無線設備場所の変更に限られ，電波の型式，識別信号，運用許容時間等は，総務大臣の変更命令によって変更することは許されていません．

総務大臣は，非常の場合の無線通信を無線局に行わせることができます．

その他，特定周波数変更対策業務や特定周波数終了対策業務があります．特定周波数変更対策業務は，増大する電波の需要に応じるために，新無線システムに移行させることにより解決を図る際に，変更工事に伴う費用を免許人に対して援助するものです．

特定周波数変更対策業務の例として，地上基幹テレビジョン放送のデジタル化があります．

7章

7.2.1 公益上必要な周波数等の変更

電波法 第71条（周波数等の変更）〈抜粋〉

総務大臣は，**電波の規整その他公益上**必要があるときは，無線局の**目的の遂行**に支障を及ぼさない範囲内に限り，当該無線局（登録局を除く．）の**周波数若しくは空中線電力**の指定を変更し，又は登録局の周波数若しくは**空中線電力**若しくは**人工衛星局の無線設備の設置場所**の変更を命ずることができる．

ただし，「電波の型式」，「識別信号」，「運用許容時間」などは，総務大臣の変更命令により変更することは許されていない．

2　国は，無線局の周波数若しくは空中線電力の指定の変更又は登録局の周波数若しくは空中線電力若しくは人工衛星局の無線設備の設置場所の変更を命じたことによって生じた損失を当該無線局の免許人等に対して補償しなければならない．

6　第1項の規定により人工衛星局の無線設備の設置場所の変更の命令を受けた免許人は，その命令に係る措置を講じたときは，速やかに，その旨を**総務大臣に報告**しなければならない．

7.2.2　非常の場合の無線通信

非常の場合の無線通信は電波法第74条（条文は5.4.2に掲載）に基づく通信です．

有線通信を利用することができないか又は利用することが著しく困難な場合に無線局の免許人の意思により行う「非常通信」に対し，「非常の場合の無線通信」は総務大臣が無線局に命令して行わせる無線通信です．したがって，「総務大臣が非常の場合の無線通信を行わせた場合，国はその通信に要した実費を弁償しなければならない．」とされています．

問題 1 ★★　➡7.2.1

次の記述は，周波数等の変更の命令について述べたものである．電波法（第71条）の規定に照らし，[　　]内に入れるべき最も適切な字句を下の1から10までのうちからそれぞれ一つ選べ．なお，同じ記号の[　　]内には，同じ字句が入るものとする．

① 総務大臣は，[ア]必要があるときは，無線局の[イ]に支障を及ぼさない範囲内に限り，当該無線局（登録局を除く．）の[ウ]の指定を変更し，又は登録局の[ウ]若しくは[エ]の変更を命ずることができる．

② ①により[エ]の変更の命令を受けた免許人は，その命令に係る措置を講じた時は，速やかに，その旨を[オ]しなければならない．

1　混信の除去その他特に　　2　電波の規整その他公益上

3 運用　4 目的の遂行
5 電波の型式，周波数若しくは空中線電力
6 周波数若しくは空中線電力　7 無線局の無線設備の設置場所
8 人工衛星局の無線設備の設置場所　9 無線業務日誌に記載
10 総務大臣に報告

解説 変更できるのは，無線局の周波数若しくは空中線電力，又は登録局の周波数若しくは空中線電力若しくは人工衛星局の無線設備の設置場所です．

答え▶▶▶ア－2，イ－4，ウ－6，エ－8，オ－10

問題 2 ★★★ ➡7.2.1

総務大臣の行う無線局（登録局を除く.）の周波数等の変更の命令に関する次の記述のうち，電波法（第71条）の規定に照らし，この規定に定めるところに適合するものを1，適合しないものを2として解答せよ.

ア 無線局の通信の相手方，通信事項又は無線設備の設置場所の変更の命令を受けた免許人は，その命令に係る措置を講じたときは，速やかに，その旨を総務大臣に報告しなければならない.

イ 総務大臣は，電波の規整その他公益上必要があるときは，無線局の目的の遂行に支障を及ぼさない範囲内に限り，当該無線局の識別信号，電波の型式，周波数若しくは空中線電力の指定を変更し，又は当該無線局の通信の相手方，通信事項若しくは無線設備の設置場所の変更を命ずることができる.

ウ 総務大臣は，電波の規整その他公益上必要があるときは，無線局の目的の遂行に支障を及ぼさない範囲内に限り，当該無線局の周波数若しくは空中線電力の指定を変更し，又は人工衛星局の無線設備の設置場所の変更を命ずることができる.

エ 総務大臣は，混信の除去その他特に必要があるときは，無線局の目的の遂行に支障を及ぼさない範囲内に限り，当該無線局の電波の型式，周波数，空中線電力若しくは実効輻(ふく)射電力の指定を変更し，又は人工衛星局の無線設備の設置場所の変更を命ずることができる.

オ 人工衛星局の無線設備の設置場所の変更の命令を受けた免許人は，その命令に係る措置を講じたときは，速やかに，その旨を総務大臣に報告しなければならない.

答え▶▶▶ア－2，イ－2，ウ－1，エ－2，オ－1

7.3 不適法運用に対する監督

● 無線局は電波法令を遵守しなければならない．故意又は過失によって無線局を不適法に運用したとき，免許人にその責任がある場合は罰則規定がある．

7.3.1 技術基準適合命令

技術基準適合命令は，平成23年3月から施行された制度です．無線局の無線設備は所定の技術基準に適合しているべきものですが，技術基準の適合しない事態が発生した場合，7.3.2項の「電波の発射停止命令」は過大すぎて不適当な部分もあります．そこで，「技術基準適合命令」で免許人に必要な措置をとるよう求めることができるようにしたものです．

電波法 第71条の5（技術基準適合命令）

総務大臣は，無線設備が電波法第3章に定める技術基準に適合していないと認めるときは，当該無線設備を使用する無線局の免許人等に対し，その技術基準に適合するように当該無線設備の修理その他の必要な措置をとるべきことを命ずることができる．

7.3.2 電波の発射の停止

電波法 第72条（電波の発射の停止）

総務大臣は，無線局の**発射する電波の質が**電波法第28条の**総務省令で定めるものに適合していないと認めるとき**は，当該無線局に対して臨時に**電波の発射の停止**を命ずることができる．

電波の質とは，周波数の偏差，周波数の幅，高調波の強度等をいう．

2　総務大臣は，臨時に電波の発射の停止の命令を受けた無線局からその発射する電波の質が電波法第28条の総務省令の定めるものに適合するに至った旨の申出を受けたときは，その無線局に**電波を試験的に発射**させなければならない．

3　総務大臣は，第2項の規定により発射する電波の質が電波法第28条の総務省令で定めるものに適合しているときは，直ちに第1項の停止を解除しなければならない．

電波法第 28 条で，「送信設備に使用する電波の周波数の偏差及び幅，高調波の強度等電波の質は，総務省令（無線設備規則第 5 条～第 7 条）で定めるところに適合するものでなければならない.」と規定されている.

7.3.3 無線局の免許の取消し等

電波法 第 75 条（無線局の免許の取消し等）第 1 項

総務大臣は，免許人が欠格事由の規定により免許を受けることができない者となったとき，又は地上基幹放送の業務を行う認定基幹放送事業者の認定がその効力を失ったときは，当該免許を受けることができない者となった免許人の免許又は当該地上基幹放送の業務に用いられる無線局の免許を取り消さなければならない.

電波法 第 76 条（無線局の免許の取消し等）第 1 項

総務大臣は，免許人等が電波法，放送法若しくはこれらの法律に基づく命令又はこれらに基づく処分に違反したときは，3 月以内の期間を定めて無線局の運用の停止を命じ，又は期間を定めて運用許容時間，周波数若しくは空中線電力を制限することができる.

(1) 免許人の違法行為による免許の取消し

電波法 第 76 条（無線局の免許の取消し等）第 4 項

4　総務大臣は，免許人（包括免許人を除く.）が次のいずれかに該当するときは，その免許を取り消すことができる.

(1) 正当な理由がないのに，無線局の運用を引き続き 6 月以上休止したとき

周波数は有限で貴重なものなので，能率的な利用が求められる．無線局の免許を得ても長く運用を休止しているということは，その無線局自体が不要であり，貴重な周波数の無駄使いとされ，免許の取消しの対象になっても当然といえる.

(2) 不正な手段により無線局の免許若しくは電波法第 17 条の許可を受け，又は電波法第 19 条の規定による指定の変更を行わせたとき

(3) 電波法第 76 条第 1 項の規定による命令又は制限に従わないとき

(4) 免許人が電波法第 5 条第 3 項（1）に該当するに至ったとき

電波法第5条第3項（1）：電波法又は放送法に規定する罪を犯し，罰金以上の刑に処せられ，その執行を終わり，又はその執行を受けることがなくなった日から2年を経過しない者.

（5）特定地上基幹放送局の免許人が，電波法第7条第2項（4）のロに適合しなくなったとき

電波法第7条第2項（4）のロ：特定地上基幹放送局の免許を受けようとする者が放送法第93条第1項（4）に掲げる要件に適合すること．この要件とは，基幹放送業務を行おうとする者が，基幹放送事業者やそれらと支配関係にある者などに該当しないことである．すなわち，一極集中を避けることを求めている.

（2）包括免許人の違法行為による免許の取消し

電波法　第76条（無線局の免許の取消し等）第5項

5　総務大臣は，包括免許人が次のいずれかに該当するときは，その包括免許を取り消すことができる.

（1）運用開始期限までに特定無線局の運用をまったく開始しないとき

（2）正当な理由がないのに，その包括免許に係るすべての特定無線局の運用を引き続き6箇月以上休止したとき

（3）不正な手段により包括免許若しくは電波法第27条の8第1項の許可を受け，又は電波法第27条の9の規定による指定の変更を行わせたとき

（4）電波法第76条第1項の規定による命令若しくは制限又は第2項の規定による禁止に従わないとき

（5）包括免許人が電波法第5条第3項（1）に該当するに至ったとき

7.3.4　無線従事者の免許の取消し等

無線従事者は総務大臣の免許を受けた者なので，電波法令を遵守しなければなりません．また，主任無線従事者に選任されている場合は，無資格者に無線設備の操作をさせることになるので，より一層電波法令の遵守が求められます．そのため，無線従事者に法令違反があった場合は処分されます.

電波法 第79条（無線従事者の免許の取消し等）第1項〈一部改変〉

総務大臣は，無線従事者が次の（1）～（3）の一つに該当するときは，免許の取消し，又は3箇月以内の期間を定めてその業務に従事することを停止することができる．

（1）電波法若しくは電波法に基づく命令又はこれらに基づく処分に違反したとき
（2）不正な手段により免許を受けたとき
（3）著しく心身に欠陥を生じ無線従事者たるに適しなくなった者になったとき

7.3.5 免許を要しない無線局及び受信設備に対する監督

免許を要しない無線局や本来免許を要しない受信設備であっても，無線設備から発する微弱な電波や受信設備から副次的に発する電波，高周波電流などによって他の無線設備に障害を与えることは十分あり得ることです．そのため，次のように電波法第82条で「総務大臣は障害を除去するために必要な措置をとるべきことを命ずることができる」と規定されています．

受信設備といえども，内部に水晶発振器や自励発振器などの微弱な電波を発生させる発振器を装備している．これらの発振器からの微弱な信号（電波）が，受信設備から外に漏れることを「副次的に発する電波」という．

7章

電波法 第82条（免許を要しない無線局及び受信設備に対する監督）

総務大臣は，「免許等を要しない無線局」の無線設備の発する電波又は受信設備が副次的に発する電波若しくは高周波電流が**他の無線設備の機能に継続的かつ重大な障害**を与えるときは，その設備の所有者又は占有者に対し，その障害を除去するために**必要な措置をとるべきこと**を命ずることができる．

2 総務大臣は，免許等を要しない無線局の無線設備について又は放送の受信を目的とする受信設備以外の受信設備について前項の措置をとるべきことを命じた場合において特に必要があると認めるときは，**その職員を当該設備のある場所に派遣し，その設備を検査させる**ことができる．

3 電波法第39条の9第2項及び第3項の規定は，前項の規定による検査について準用する．

電波法第39条の9第2項及び第3項：報告及び立入検査

問題 3 ★★ ➡7.3.2

電波の発射の停止に関する次の記述のうち，電波法（第72条）の規定に照らし，総務大臣から臨時に電波の発射の停止を命ぜられることがある場合に該当するものはどれか．下の1から4までのうちから一つ選べ．

1　免許状に記載された目的の範囲を超えて運用したと認められるとき．
2　免許状に記載された空中線電力の範囲を超えて運用していると認められるとき．
3　発射する電波の質が総務省令で定めるものに適合していないと認められるとき．
4　発射する電波が他の無線局の運用に妨害を与えるおそれがあると認められるとき．

答え▶▶▶3

問題 4 ★★★ ➡7.3.2

電波の質及び電波の発射の停止に関する記述のうち，電波法（第28条及び第72条）及び無線設備規則（第5条，第6条，第7条及び第14条）の規定に照らし，これらの規定に定めることに適合しないものはどれか．下の1から4までのうちから一つ選べ．

1　総務大臣は，無線局の発射する電波の周波数が，総務省令で定める周波数の許容偏差に適合していないと認めるときは，当該無線局に対して臨時に電波の発射の停止を命ずることができる．
2　総務大臣は，無線局の発射する電波が，総務省令で定める空中線電力の許容偏差に適合していないと認めるときは，当該無線局に対して臨時に電波の発射の停止を命ずることができる．
3　総務大臣は，無線局の発射する電波が，総務省令で定める発射電波に許容される占有周波数帯幅の値に適合していないと認めるときは，当該無線局に対して臨時に電波の発射の停止を命ずることができる．

4 総務大臣は，無線局の発射する電波が，総務省令で定めるスプリアス発射又は不要発射の強度の許容値に適合していないと認めるときは，当該無線局に対して臨時に電波の発射の停止を命ずることができる．

解説 無線設備規則第5条～第7条に，電波の質のうち，「周波数の許容偏差」，「占有周波数帯幅の許容値」，「スプリアス発射又は不要発射の強度の許容値」が定められていますが，「空中線電力」の規定はありません．

答え▶▶▶2

問題 5 ★★★ ➡7.3.3

免許人が電波法若しくは電波法に基づく命令又はこれらに基づく処分に違反したときに，総務大臣が行うことのできる命令又は制限に関する次の事項のうち，電波法（第76条）の規定に照らし，この規定に定めるところに該当しないものはどれか．下の1から4までのうちから一つ選べ．

1 期間を定めて行われる無線局の周波数又は空中線電力の制限
2 3月以内の期間を定めて行われる無線局の通信の相手方又は通信事項の制限
3 期間を定めて行われる無線局の運用許容時間の制限
4 3月以内の期間を定めて行われる無線局の運用の停止の命令

答え▶▶▶2

問題 6 ★ ➡7.3.3

無線局の免許の取消し等に関する記述のうち，電波法（第76条）の規定に照らし，この規定の定めるところに適合しないものはどれか．下の1から4までのうちから一つ選べ．

1 総務大臣は，免許人が電波法に基づく命令に違反したときは，期間を定めて無線局の周波数を制限することができる．
2 総務大臣は，免許人が電波法に基づく命令に違反したときは，期間を定めて無線局の空中線電力を制限することができる．
3 総務大臣は，免許人（包括免許人を除く．）が正当な理由がないのに，無線局の運用を引き続き6箇月以上休止したときは，無線局の免許を取り消すことができる．
4 総務大臣は，基幹放送局の免許人が電波法又は放送法に違反したときは，その無線局の免許を取り消すことができる．

解説 「総務大臣は，免許人等が電波法，放送法若しくはこれらの法律に基づく命令又はこれらに基づく処分に違反したときは，3箇月以内の期間を定めて無線局の運用の停止を命じ，又は期間を定めて運用許容時間，周波数若しくは空中線電力を制限することができる．（電波法第76条第1項）」となっており，無線局の免許を取り消すことはできません．

答え▶▶▶4

問題 7 ★★★ ➡4.4.3 ➡7.3.4

無線従事者の免許等に関する次の記述のうち，電波法（第41条，第42条及び第79条）の規定に照らし，これらの規定に定めるところに適合しないものはどれか．下の1から4までのうちから一つ選べ．

1　無線従事者になろうとする者は，総務大臣の免許を受けなければならない．
2　総務大臣は，無線従事者が不正な手段により免許を受けたときは，その免許を取り消すことができる．
3　総務大臣は，電波法第79条第1項の規定により無線従事者の免許を取り消され，取消しの日から5年を経過しない者に対しては，無線従事者の免許を与えないことができる．
4　総務大臣は，無線従事者が電波法若しくは電波法に基づく命令又はこれらに基づく処分に違反したときは，その免許を取り消し，又は3箇月以内の期間を定めてその業務に従事することを停止することができる．

解説 3「取消しの日から**5年**」ではなく，正しくは「取消しの日から**2年**」です．

電波法第42条（2）で，「無線従事者の免許を取り消され，取消しの日から2年を経過しない者に無線従事者免許を与えないことができる．」と規定されています．

答え▶▶▶3

問題 8 ★★ ➡7.3.4

総務大臣から受けることがある処分に関する次の事項のうち，電波法（第79条）の規定に照らし，無線従事者が電波法若しくは電波法に基づく命令又はこれらに基づく処分に違反したときに総務大臣から受けることがある処分に該当するものを1，該当しないものを2として解答せよ．

ア　期間を定めてその無線従事者が従事する無線局の運用を停止する処分
イ　3箇月以内の期間を定めて無線設備を操作する範囲を制限する処分
ウ　3箇月以内の期間を定めてその業務に従事することを停止する処分
エ　期間を定めてその無線従事者が従事する無線局の周波数又は空中線電力を制限する処分
オ　無線従事者の免許の取消しの処分

解説 無線従事者が電波法若しくは電波法に基づく命令又はこれらに基づく処分に違反したときに総務大臣から受けることがある処分は，「免許の取り消し」又は「3箇月以内の期間を定めてその業務に従事することを停止」です．

答え▶▶▶ア－2，イ－2，ウ－1，エ－2，オ－1

7章

問題 9 ★ ➡7.3.5

次の記述は，免許等を要しない無線局及び受信設備に対する監督について述べたものである．電波法（第82条）の規定に照らし，[　　]内に入れるべき最も適切な字句の組合せを下の1から4までのうちから一つ選べ．

① 総務大臣は，電波法第4条（無線局の開設）第1号から第3号までに掲げる無線局（以下「免許等を要しない無線局」という．）の無線設備の発する電波又は受信設備が副次的に発する電波若しくは高周波電流が[A]を与えるときは，その設備の所有者又は占有者に対し，その障害を除去するために[B]を命ずることができる．

② 総務大臣は，免許等を要しない無線局の無線設備について又は放送の受信を目的とする受信設備以外の受信設備について①の措置をとるべきことを命じた場合において特に必要があると認めるときは，[C]ことができる．

	A	B	C
1	他の無線設備の機能に継続的かつ重大な障害	必要な措置をとるべきこと	その職員を当該設備のある場所に派遣し，その設備を検査させる
2	電波法102条の2に規定する重要無線通信に継続的かつ重大な混信	その使用を中止する措置をとるべきこと	その職員を当該設備のある場所に派遣し，その設備を検査させる
3	電波法102条の2に規定する重要無線通信に継続的かつ重大な混信	必要な措置をとるべきこと	その事実及び措置の内容について文書で報告させる
4	他の無線設備の機能に継続的かつ重大な障害	その使用を中止する措置をとるべきこと	その事実及び措置の内容について文書で報告させる

答え▶▶▶ 1

電波法第102条の2に規定する「重要無線通信」とは，890〔MHz〕以上の周波数の電波による特定の固定地点間の無線通信のことで，「(1) 電気通信業務の用に供する無線局の無線設備による無線通信，(2) 放送の業務の用に供する無線局の無線設備による無線通信，(3) 人命若しくは財産の保護又は治安の維持の用に供する無線設備による無線通信，(4) 気象業務の用に供する無線設備による無線通信，(5) 電気事業に係る電気の供給の業務の用に供する無線設備による無線通信，(6) 鉄道事業に係る列車の運行の業務の用に供する無線設備による無線通信」がある．

問題 10 ★★★ ➡3.6.1 ➡3.6.2 ➡7.3.5

受信設備の条件及び受信設備に対する総務大臣の監督に関する次の記述のうち，電波法（第 29 条及び第 82 条）及び無線設備規則（第 24 条）の規定に照らし，これらの規定に定めるところに適合しないものはどれか．下の 1 から 4 までのうちから一つ選べ．

1 総務大臣は，受信設備が副次的に発する電波又は高周波電流が総務省令で定める限度をこえて，他の無線設備の機能に障害を与えるときは，その設備の所有者又は占有者に対し，3 箇月以内の期間を定めてその設備の使用の禁止を命ずることができる．

2 受信設備は，その副次的に発する電波又は高周波電流が，総務省令で定める限度をこえて他の無線設備の機能に支障を与えるものであってはならない．

3 総務大臣は，受信設備が副次的に発する電波又は高周波電流が他の無線設備の機能に継続的かつ重大な障害を与えるときは，その設備の所有者又は占有者に対し，その障害を除去するために必要な措置をとるべきことを命ずることができ，放送の受信を目的とする受信設備以外の受信設備について，その必要な措置をとるべきことを命じた場合において特に必要があると認めるときは，その職員を当該設備のある場所に派遣し，その設備を検査させることができる．

4 電波法第 29 条（受信設備の条件）に規定する受信設備の副次的に発する電波が他の無線設備の機能に支障を与えない限度は，受信空中線と電気的常数の等しい擬似空中線回路を使用して測定した場合に，その回路の電力が 4〔nW〕以下でなければならない．(注)

注 無線設備規則第 24 条（副次的に発する電波等の限度）各項の規定において，別段の定めのあるものは，その定めるところによるものとする．

解説 1「…**3 箇月以内の期間を定めてその設備の使用の禁止**を命ずる」ではなく，正しくは「…**その障害を除去するために必要な措置をとるべきこと**を命ずる」です．

答え▶▶▶ 1

誤ったものを選ぶ問題として，選択肢 3 の「その必要な措置をとるべきことを命じた場合において特に必要があると認めるときは，その職員を当該設備のある場所に派遣し，その設備を検査させることができる」の部分を「その必要な措置をとるべきことを命じた場合においては，当該措置の内容の報告を求めることができる．」とした問題も出題されています．

7.4 一般的監督

- 無線局に対する検査には，「新設検査」，「変更検査」，「定期検査」，「臨時検査」がある．一般的監督における検査は，「定期検査」と「臨時検査」が該当する．
- 遭難通信，緊急通信，安全通信又は非常通信を行ったとき，電波法令に違反して運用した無線局を認めたときなどは，総務大臣に報告しなければならない．

無線局に対する検査には，「新設検査」，「変更検査」，「定期検査」，「臨時検査」の他に「免許を要しない無線局の検査」があります．「新設検査」と「変更検査」は本書2章（無線局の免許）に関することに該当するので割愛し，一般的監督の範囲である「定期検査」，「臨時検査」について解説します．

7.4.1 定期検査

定期検査は一定の時期ごとに行われる検査であり，無線局が電波法令に適合しているかどうかを実際に把握するために行われます．

電波法 第73条（検査）〈抜粋〉

総務大臣は，総務省令で定める時期ごとに，あらかじめ通知する期日に，**その職員を無線局**（総務省令で定めるものを除く．）**に派遣し，その無線設備等を検査させる**（臨局検査）．ただし，当該無線局の発射する電波の質又は空中線電力に係る無線設備の事項以外の事項の検査を行う必要がないと認める無線局については，その無線局に電波の発射を命じて，その発射する電波の質又は空中線電力の検査を行う（非臨局検査）．

2　前項の検査は，当該無線局についてその検査を同項の総務省令で定める時期に行う必要がないと認める場合及び当該無線局のある船舶又は航空機が当該時期に外国地間を航行中の場合においては，同項の規定にかかわらず，その**時期を延期し，又は省略する**ことができる．

3　第1項の検査は，当該無線局（人の生命又は身体の安全の確保のためその適正な運用の確保が必要な無線局として総務省令で定めるものを除く．以下この項において同じ.）の免許人から，第1項の規定により総務大臣が通知した期日の1月前までに，当該無線局の無線設備等について電波法第24条の2第1項の登録を受けた者（無線設備等の点検の事業のみを行う者を除く.）が，総務省令で定めるところにより，当該登録に係る検査を行い，当該無線局の**無線設備**がその工事設計に合致しており，かつ，その無線従事者の資格及び**員数**が電波法第 39 条又は電波法第 39 条の 13，電波法第 40 条及び電波法第 50 条の規定に，その時計及び書類が電波法第 60 条の規定にそれぞれ違反していない旨を記載した証明書の提出があったときは，第 1 項の規定にかかわらず，**省略**することができる.

7.4.2 臨時検査

定期検査は一定の時期ごとに行われる検査ですが，その他に一定の事由がある場合に行われる検査に臨時検査があります.

臨時に検査が行われるのは次のような場合などがあります.

- 電波法第 71 条の 5（技術基準適合命令）の無線設備の修理その他の必要な措置をとるべきことを命じたとき.　**（電波法第 73 条第 5 項）**
- 無線局のある船舶又は航空機が外国へ出港しようとする場合.　**（電波法第 73 条第 6 項）**
- 無線局の発射する電波の質が総務省令で定めるものに適合してないと認められ，当該無線局に対して臨時に電波の発射の停止を命ぜられた場合.　**（電波法第 72 条第 1 項）**
- 電波の発射の停止命令を受けた無線局から，免許人が措置を講じ電波の質が総務省令の定めるものに適合するに至った旨の申出を受けたとき.　**（電波法第 72 条第 2 項）**

電波法　第 73 条（検査）第 5 項

5　総務大臣は，電波法第 71 条の 5 の無線設備の修理その他の必要な措置をとるべきことを命じたとき，電波法第 72 条第 1 項の電波の発射の停止を命じたとき，電波法第 72 条第 2 項の申出があったとき，無線局のある船舶又は航空機が外国へ出港しようとするとき，その他この法律の施行を確保するため特に必要があるときは，**その職員を無線局に派遣し，その無線設備等を検査させる**ことができる.

7.4.3 報　告

遭難通信や非常通信を行ったとき，電波法令に違反して運用している無線局を認めた場合など，速やかに文書で総務大臣に報告しなければなりません．電波法令に違反して運用している無線局を認めた場合の報告は，広く免許人等の協力により電波行政の目的を達成しようとするものです．

電波法　第80条（報告等）

無線局の免許人等は，次の（1）～（3）に掲げる場合は，総務省令で定める手続により，総務大臣に報告しなければならない．

（1）**遭難通信，緊急通信，安全通信又は非常通信を行ったとき**（電波法第70条の7第1項，電波法第70条の8第1項又は電波法第70条の9第1項の規定により無線局を運用させた免許人等以外の者が行ったときを含む．）

電波法第70条の7第1項：非常時運用人による無線局の運用
電波法第70条の8第1項：免許人以外の者による特定の無線局の簡易な操作による運用
電波法第70条の9第1項：登録人以外の者による登録局の運用

（2）**電波法又は電波法に基づく命令の規定に違反して運用した無線局を認めたとき**

（3）無線局が外国において，あらかじめ総務大臣が告示した以外の運用の制限をされたとき

電波法　第81条（報告等）

総務大臣は，無線通信の秩序の維持その他無線局の適正な運用を確保するため必要があると認めるときは，免許人等に対し，**無線局に関し報告を求める**ことができる．

問題 11 ★★ ➡7.4.1

次の記述は，固定局の検査について述べたものである．電波法（第73条）の規定に照らし，［　　］内に入れるべき最も適切な字句の組合せを下の1から4までのうちから一つ選べ．なお，同じ記号の［　　］内には，同じ字句が入るものとする．

① 総務大臣は，総務省令で定める時期ごとに，あらかじめ通知する期日に，その職員を無線局（総務省令で定めるものを除く.）に派遣し，その［ A ］，無線従事者の資格（主任無線従事者の要件に係るものを含む．以下同じ.）及び員数並びに時計及び書類を検査させる.

② ①の検査は，当該無線局についてその検査を①の総務省令で定める時期に行う必要がないと認める場合においては，①の規定にかかわらず，その［ B ］ことができる.

③ ①の検査は，当該無線局[注1]の免許人から，①の規定により総務大臣が通知した期日の1月前までに，当該無線局の［ A ］，無線従事者の資格及び員数並びに時計及び書類について登録検査等事業者[注2]（無線設備等の点検の事業のみを行う者を除く.）が，総務省令で定めるところにより，当該登録に係る検査を行い，当該無線局の［ A ］がその工事設計に合致しており，かつ，その無線従事者の資格及び員数並びにその時計及び書類が電波法の関係規定にそれぞれ違反していない旨を記載した証明書の提出があったときは，①の規定にかかわらず，［ C ］することができる.

注1 人の生命又は身体の安全の確保のためその適正な運用の確保が必要な無線局として総務省令で定めるものを除く.

注2 登録検査等事業者とは，電波法第24条の2（検査等事業者の登録）第1項の登録を受けた者をいう.

	A	B	C
1	無線設備	時期を延長し，又は省略する	省略
2	無線設備	時期を延長する	その一部を省略
3	無線設備の設置場所，無線設備	時期を延長し，又は省略する	その一部を省略
4	無線設備の設置場所，無線設備	時期を延長する	省略

答え▶▶▶ 1

出題傾向 下線の部分は，ほかの試験問題で穴埋めの字句として出題されています.

問題 12 ★★ ➡7.3.2 ➡7.4.2

次の記述は，無線局の発射する電波の質が総務省令で定めるものに適合していないと認めるときに総務大臣が免許人に対して行う処分等について述べたものである．電波法（第72条及び第73条）の規定に照らし，［　　］内に入れるべき最も適切な字句の組合せを下の1から4までのうちから一つ選べ．なお，同じ記号の［　　］内には，同じ字句が入るものとする．

① 総務大臣は，無線局の発射する電波の質が電波法第28条（電波の質）の総務省令で定めるものに適合していないと認めるときは，当該無線局に対して臨時に［ A ］の停止を命ずることができる．

② 総務大臣は，①の命令を受けた無線局からその発射する電波の質が同法第28条の総務省令の定めるものに適合するに至った旨の申出を受けたときは，その無線局に［ B ］なければならない．

③ 総務大臣は，②により発射する電波の質が同法第28条の総務省令で定めるものに適合しているときは，直ちに①の停止を解除しなければならない．

④ 総務大臣は，①の［ A ］の停止を命じたとき，②の申出があったとき，その他電波法の施行を確保するために特に必要があるときは，［ C ］ことができる．

	A	B	C
1	電波の発射	電波を試験的に発射させ	その職員を無線局に派遣し，その無線設備を検査させる
2	無線局の運用	電波の周波数等の測定結果を報告させ	その職員を無線局に派遣し，その無線設備を検査させる
3	無線局の運用	電波を試験的に発射させ	免許人に対し，文書で報告を求める
4	電波の発射	電波の周波数等の測定結果を報告させ	免許人に対し，文書で報告を求める

解説 A，Bについては7.3.2項を参照してください．

答え▶▶▶1

問題 13 ★★★ ➡7.4.3

無線局の免許人が総務省令で定める手続きにより総務大臣に報告しなければならないときに関する次の事項のうち，電波法（第80条）の規定に照らし，この規定に定めるところに該当するものを1，該当しないものを2として解答せよ．

ア　電波法又は電波法に基づく命令の規定に違反して運用した無線局を認めたとき.
イ　電波法第 39 条（無線設備の操作）の規定に基づき，選任の届出をした主任無線従事者に無線設備の操作の監督に関し総務大臣の行う講習を受けさせたとき.
ウ　非常通信を行ったとき.
エ　総務大臣から電波の規正について指示を受け，相当な措置をしたとき.
オ　電波法第 74 条（非常の場合の無線通信）第 1 項に規定する通信の訓練のための通信を行ったとき.

解説　選択肢**イ**，**エ**，**オ**のような規定はありません.

なお，電波法施行規則第 39 条において，「免許人は，検査（落成検査，変更検査，定期検査，臨時検査）の結果について総務大臣又は総合通信局長から指示を受け相当な措置をしたときは，速やかにその措置の内容を総務大臣又は総合通信局長に報告しなければならない.」と規定されています.

答え▶▶▶ア－1，イ－2，ウ－1，エ－2，オ－2

問題 14 ★★★　➡7.4.3

総務大臣に対する報告に関する次の記述のうち，電波法（第 80 条及び第 81 条）の規定に照らし，これらの規定に定めるところに適合しないものはどれか. 下の 1 から 4 までのうちから一つ選べ.

1　無線局の免許人は，電波法又は電波法に基づく命令の規定に違反して運用した無線局を認めたときは，総務省令で定める手続により，総務大臣に報告しなければならない.
2　無線局の免許人は，電波法第 74 条に規定する非常の場合の無線通信の訓練のための通信を行ったときは，総務省令で定める手続により，総務大臣に報告しなければならない.
3　無線局の免許人は，遭難通信，緊急通信，安全通信又は非常通信を行ったときは，総務省令で定める手続により，総務大臣に報告しなければならない.
4　総務大臣は，無線通信の秩序の維持その他無線局の適正な運用を確保するため必要があると認めるときは，免許人等に対し，無線局に関し報告を求めることができる.

解説　**1** 及び **3** は電波法第 80 条，**4** は電波法第 81 条に規定されています.

答え▶▶▶2

7.5 雑　則

- ここで扱うのは，「高周波利用設備」，「伝搬障害防止区域の指定」，「基準不適合設備」，「電波利用料」に限定します．
- 電線路に 10〔kHz〕以上の高周波電流を通じる通信設備，医療用設備，工業用加熱設備などを設置しようとする者は，総務大臣の許可が必要である．
- 「重要無線通信」を確保するために伝搬障害防止区域が指定されており，指定区域内の高層建築物には届出義務がある．
- 基準不適合設備は「電波法に定める技術基準に適合しない設計に基づき製造され，又は改造された無線設備」である．
- 無線局の免許人，登録人は所定の電波利用料を払わなければならない．

7.5.1 高周波利用設備

電波を空間に放射して業務を行うものの他，電力線に高周波電流を流して通信に利用する電力線搬送通信などがあります．高周波は通信のみでなく，医療用設備や工業用加熱設備などにおいても利用されています．無線通信に妨害を与えるおそれがあるこれらの設備を設置するには総務大臣の許可（免許ではありません）が必要です．

電波法 第 100 条（高周波利用設備）第 1 項

次の（1）（2）に掲げる設備を設置しようとする者は，当該設備につき，総務大臣の許可を受けなければならない．

（1）電線路に **10〔kHz〕以上**の高周波電流を通ずる電信，電話その他の通信設備（ケーブル搬送設備，平衡 2 線式裸線搬送設備その他総務省令（＊1）で定める通信設備を除く．）

（2）無線設備及び（1）の設備以外の設備であって **10〔kHz〕以上**の高周波電流を利用するもののうち，総務省令（＊2）で定めるもの

〔＊1　電波法施行規則第 44 条第 1 項，第 2 項〕

〔＊2　電波法施行規則第 45 条〕

(2) の「総務省令で定めるもの」は通信設備以外の設備で，次に示すものがある．
①医療用設備
②工業用加熱設備
③各種設備

なお，各種設備とは，50〔W〕を超える高周波出力を使用するものが該当するが，電子レンジ（型式確認の行われたもの）などは含まれない．

7.5.2 伝搬障害防止区域の指定

極超短波やマイクロ波などの周波数の電波を使用する場合，その電波伝搬路上に，高層建築物や障害物があると電波が伝搬障害を受け通信不能に陥ることがあります．そこで，次に示す「重要無線通信」を確保するために伝搬障害防止区域が指定されており，指定区域内の高層建築物には届出義務があります．

電波法　第102条の2（伝搬障害防止区域の指定）

総務大臣は，**890〔MHz〕以上**の周波数の電波による**特定の固定地点間の無線通信**で次の各号の一に該当するもの（以下「重要無線通信」という．）の電波伝搬路における当該電波の伝搬障害を防止して，重要無線通信の確保を図るため必要があるときは，その必要の範囲内において，当該電波伝搬路の地上投影面に沿い，その中心線と認められる線の両側それぞれ**100〔m〕以内**の区域を伝搬障害防止区域として**指定することができる**．

(1) 電気通信業務の用に供する無線局の無線設備による無線通信
(2) 放送の業務の用に供する無線局の無線設備による無線通信
(3) **人命若しくは財産の保護又は治安の維持**の用に供する無線設備による無線通信
(4) **気象業務**の用に供する無線設備による無線通信
(5) **電気事業に係る電気の供給の業務**の用に供する無線設備による無線通信
(6) 鉄道事業に係る列車の運行の業務の用に供する無線設備による無線通信

2　前項の規定による伝搬障害防止区域の指定は，政令で定めるところにより告示をもって行わなければならない．

3　総務大臣は，政令で定めるところにより，前項の告示に係る伝搬障害防止区域を表示した図面を**総務省及び関係地方公共団体**の事務所に備え付け，一般の縦覧に供しなければならない．

4　総務大臣は，第2項の告示に係る伝搬障害防止区域について，第1項の規定による指定の理由が消滅したときは，遅滞なく，その指定を解除しなければならない.

伝搬障害防止区域における高層建築物等に係る届出については，次のようになっています.

電波法　第102条の3（伝搬障害防止区域における高層建築物等に係る届出）第1項

伝搬障害防止区域内においてする次の（1）から（3）までのいずれかに該当する行為（以下「指定行為」という.）に係る工事の建築主（工事の請負契約の注文者又はその工事を請負契約によらないで自ら行う者をいう.）は，総務省令で定めるところにより，当該指定行為に係る工事に自ら着手し又はその工事の請負人に着手させる前に，当該指定行為に係る工作物につき，敷地の位置，高さ，高層部分（工作物の全部又は一部で地表からの高さが31〔m〕を超える部分をいう．以下同じ.）の形状，構造及び主要材料，その者が当該指定行為に係る工事の請負契約の注文者である場合にはその工事の請負人の氏名又は名称及び住所その他必要な事項を書面により総務大臣に届け出なければならない.

（1）その最高部の地表からの高さが31〔m〕を超える建築物その他の工作物（以下「高層建築物等」という.）の新築

（2）高層建築物等以外の工作物の増築又は移築で，その増築又は移築後において当該工作物が高層建築物等となるもの

（3）高層建築物等の増築，移築，改築，修繕又は模様替え（改築，修繕及び模様替えについては，総務省令で定める程度のものに限る.）

電波法　第102条の5（伝搬障害の有無等の通知）第1項

総務大臣は，前項による届出があった場合において，その届出に係る事項を検討し，その届出に係る高層部分が当該伝搬障害防止区域に係る重要無線通信障害原因となると認められるときは，その高層部分のうち当該重要無線通信障害原因となる部分（以下「障害原因部分」という.）を明示し，理由を付した文書により，当該高層部分が当該伝搬障害防止区域に係る重要無線通信障害原因とならないと認められるときは，その検討の結果を記載した文書により，その旨を当該届出をした建築主に通知しなければならない.

電波法 第 102 条の 6（重要無線通信障害原因となる高層部分の工事の制限）〈抜粋〉

電波法第 102 条の 5 第 1 項及び第 2 項の規定により，届出に係る高層部分が当該伝搬障害防止区域に係る重要無線通信障害原因となると認められる旨の通知を受けた建築主は，その通知を受けた日から 2 年間は，当該指定行為に係る工事のうち当該通知に係る障害原因部分に係るものを自ら行い又はその請負人に行わせてはならない.

7.5.3 基準不適合設備

「電波法に定める技術基準に適合しない設計に基づき製造され，又は改造された無線設備」を基準不適合設備と呼んでいます．基準不適合設備の製造販売を，電波法第 102 条の 11 で次のように規制しています.

電波法 第 102 条の 11（基準不適合設備に関する勧告等）第 1 項～第 3 項

無線設備の製造業者，輸入業者又は販売業者は，無線通信の秩序の維持に資するため，電波法第 3 章に定める技術基準に適合しない無線設備を製造し，輸入し，又は販売することのないように努めなければならない.

2　総務大臣は，次の各号に掲げる場合において，当該各号に定める設計と同一の設計又は当該各号に定める設計と類似の設計であって電波法第 3 章に定める技術基準に適合しないものに基づき製造され，又は改造された無線設備（以下こ「基準不適合設備」という.）が**広く販売**されることにより，当該基準不適合設備を使用する無線局が他の無線局の運用に**重大な悪影響**を与えるおそれがあると認めるときは，無線通信の秩序の維持を図るために必要な限度において，当該基準不適合設備の**製造業者**，**輸入業者又は販売業者**に対し，その事態を除去するために必要な措置を講ずべきことを**勧告**することができる.

(1) 無線局が他の無線局の運用を著しく阻害するような混信その他の妨害を与えた場合において，その妨害が電波法第 3 章に定める技術基準に適合しない設計に基づき製造され，又は改造された無線設備を使用したことにより生じたと認めるとき　当該無線設備に係る設計

(2) 無線設備が電波法第 3 章に定める技術基準に適合しない設計に基づき製造され，又は改造されたものであると認められる場合において，当該無線設備を使用する無線局が開設されたならば，当該無線局が他の無線局の運用を著しく阻害するような混信その他の妨害を与えるおそれがあると認めるとき

当該無線設備に係る設計

3　総務大臣は，前項の規定による**勧告**をした場合において，その**勧告**を受けた者がその**勧告**に従わないときは，**その旨を公表する**ことができる.

7.5.4 電波利用料

各種の無線局が適正に管理運用されるためには，無線局に関する情報が行政当局に把握されているとともに，不法無線局，違法な運用をする無線局の取締りが必要となります．これらを実現するためには**無線局全体の受益**を直接の目的として行う事務に要する経費が必要で，この経費を「**電波利用共益費用**」と呼んでいます.「電波利用共益費用」を無線局の免許人等が負担することになっています．これが,「電波利用料」です．我々が使用している携帯電話も無線局ですので,「電波利用料」の支払いが必要です.

電波利用料の使用用途は次のようなものがあります.

電波法　第103条の2（電波利用料の徴収等）第4項〈抜粋・一部改変〉

(1)　電波の監視及び規正並びに不法に開設された無線局の探査

(2)　総合無線局管理ファイルの作成及び管理

(3)　電波の有効利用技術に関する研究開発など

(4)　電波の人体等への影響に関する調査

(6)　特定周波数変更対策業務

(7)　特定周波数終了対策業務　　　　など

身近なものでは，電波時計の時刻自動修正に使える「標準電波の発射」も含まれています.

電波法　第103条の2（電波利用料の徴収等）

免許人等は，電波利用料として，無線局の免許等の日から起算して30日以内及びその後毎年その免許等の日に応当する日（応当する日がない場合は，その翌日．以下この条において「応当日」という.）から起算して30日以内に，当該無線局の免許等の日又は応当日（以下この項において「起算日」という.）から始まる各1年の期間（無線局の免許等の日が2月29日である場合においてその期間がうるう年の前年の3月1日から始まるときは翌年の2月28日までの期間とし，起算日から当該免許等の有効期間の満了の日までの期間が1年に満たない場合はその期間とする.）について，無線局の区分に従い金額（起算日から当該免許等の有効期間の満了の日までの期間が1年に満たない場合は，その額に当該期間の月数を12で除して得た数を乗じて得た額に相当する金額）を国に納めなければならない.

Column　電波利用料の金額の例（令和5年5月現在）

空中線電力10〔kW〕以上のテレビジョン基幹放送局：596 312 200円，アマチュア無線局：300円

問題 15 ★ ➡7.5.1

次の記述は，高周波利用設備について，電波法（第100条）及び電波法施行規則（第45条）の規定に沿って述べたものである.［　　］内に入れるべき字句の正しい組合せを下の1から4までのうちから一つ選べ.

① 次に掲げる設備を設置しようとする者は，当該設備につき，総務大臣の許可を受けなければならない.

(1) 電線路に［A］の高周波電流を通ずる電信，電話その他の通信設備（ケーブル搬送設備，平衡2線式裸線搬送設備その他総務省令で定める通信設備を除く.）

(2) 無線設備及び（1）の設備以外の設備であって［B］の高周波電流を利用するもののうち，総務省令で定めるもの

② ①の（2）の規定による許可を要する高周波電流を利用する設備は，［C］とする.

	A	B	C
1	10〔kHz〕以上	50〔kHz〕以上	医療用設備及び各種設備
2	10〔kHz〕以上	10〔kHz〕以上	医療用設備，工業用加熱設備及び各種設備
3	10〔kHz〕以下	50〔kHz〕以上	工業用加熱設備及び各種設備
4	10〔kHz〕以下	10〔kHz〕以上	医療用設備及び工業用加熱設備

解説 高周波利用設備には,「通信用設備」以外に,「医療用設備」,「工業用加熱設備」,「各種設備」があります.

答え▶▶▶2

問題 16 ★★★ ➡7.5.2

次の記述は伝搬障害防止区域の指定について，電波法（第102条の2）の規定に沿って述べたものである．□内に入れるべき適切な字句を下の1から10までのうちからそれぞれ一つ選べ．

① 総務大臣は，［ア］以上の周波数の電波による特定の固定地点間の無線通信で次のいずれかに該当するもの（以下「重要無線通信」という．）の電波伝搬路における当該電波の伝搬障害を防止して，重要無線通信の確保を図るため必要があるときは，その必要の範囲内において，当該電波伝搬路の地上投影面に沿い，その中心線と認められる線の両側それぞれ［イ］以内の区域を伝搬障害防止区域として指定することができる．

(1) 電気通信業務の用に供する無線局の無線設備による無線通信
(2) 放送の業務の用に供する無線局の無線設備による無線通信
(3) ［ウ］の用に供する無線設備による無線通信
(4) ［エ］無線設備による無線通信
(5) 電気事業に係る電気の供給の業務の用に供する無線設備による無線通信
(6) 鉄道事業に係る列車の運行の業務の用に供する無線設備による無線通信

② ①の規定による伝搬障害防止区域の指定は，政令で定めるところにより告示をもって行わなければならない．

③ 総務大臣は，政令で定めるところにより，②の告示に係る伝搬障害防止区域を表示した図面を［オ］の事務所に備え付け，一般の縦覧に供しなければならない．

1　50〔m〕　2　宇宙無線通信の業務の用に供する　3　890〔MHz〕
4　1 215〔MHz〕　5　総務大臣の指定する団体
6　総務省及び関係地方公共団体
7　人命若しくは財産の保護又は治安の維持　8　気象業務の用に供する
9　船舶若しくは航空機の安全な運航　10　100〔m〕

答え▶▶▶ア－3，イ－10，ウ－7，エ－8，オ－6

出題傾向　下線の部分を穴埋めにした問題も出題されています．

問題 17 ★★ ➡7.5.3

次の記述は，基準不適合設備に対する対策について述べたものである．電波法（第 102 条の 11）の規定に照らし，[　　] 内に入れるべき最も適切な字句を下の 1 から 10 までのうちからそれぞれ一つ選べ．なお，同じ記号の [　　] 内には，同じ字句が入るものとする．

① 総務大臣は，次の（1）又は（2）に掲げる場合において，（1）若しくは（2）に定める設計と同一の設計又は（1）若しくは（2）に定める設計と類似の設計であって電波法第 3 章（無線設備）に定める技術基準に適合しないものに基づき製造され，又は改造された無線設備（以下「基準不適合設備」という．）が [ア] されることにより，当該基準不適合設備を使用する無線局が他の無線局の運用に [イ] を与えるおそれがあると認めるときは，無線通信の秩序の維持を図るために必要な限度において，当該基準不適合設備の [ウ] に対し，その事態を除去するために必要な措置を講ずべきことを [エ] することができる．

（1）無線局が他の無線局の運用を著しく阻害するような混信その他の妨害を与えた場合において，その妨害が電波法第 3 章に定める技術基準に適合しない設計に基づき製造され，又は改造された無線設備を使用したことにより生じたと認めるとき　当該無線設備に係る設計

（2）無線設備が電波法第 3 章に定める技術基準に適合しない設計に基づき製造され，又は改造されたものであると認められる場合において，当該無線設備を使用する無線局が開設されたならば，当該無線局が他の無線局の運用を著しく阻害するような混信その他の妨害を与えるおそれがあると認めるとき　当該無線設備に係る設計

② 総務大臣は，①による [エ] をした場合において，その [エ] を受けた者がその [エ] に従わないときは，[オ] ことができる．

1　広く利用　　　　　　　　　　　2　広く販売
3　重大な悪影響　　　　　　　　　4　継続的な混信
5　製造業者，輸入業者又は販売業者　6　利用者
7　勧告　　　　　　　　　　　　　8　命令
9　製造又は販売の中止を命ずる　　10　その旨を公表する

答え▶▶▶ア－2，イ－3，ウ－5，エ－7，オ－10

7 章

問題 18 ★ ➡7.5.4

次の記述は「電波利用料」についての電波法（第103条の2）の規定を掲げたものである．[　　] 内に入れるべき字句の正しい組合せを下の1から4までのうちから一つ選べ．

「電波利用料」とは，次に掲げる電波の適正な利用の確保に関し総務大臣が [A] を直接の目的として行う事務の処理に要する費用（[B] という．）の財源に充てるために免許人等，第103条の2（電波利用料の徴収等）第12項の特定免許等不要局を開設した者又は同条第13項の表示者が納付すべき金銭をいう．

(1) 電波の監視及び規正並びに不法に開設された無線局の探査
(2) 総合無線局管理ファイルの作成及び管理
(3) 電波の [C] に資する技術を用いた無線設備について無線設備の技術基準を定めるために行う試験及びその結果の分析
(4) 特定周波数変更対策業務
(5) 特定周波数終了対策業務

	A	B	C
1	電波利用の秩序の維持	電波利用共益費用	公平且つ能率的な利用
2	電波利用の秩序の維持	電波監理費用	より能率的な利用
3	無線局全体の受益	電波利用共益費用	より能率的な利用
4	無線局全体の受益	電波監理費用	公平且つ能率的な利用

答え▶▶▶3

7.6 罰　則

●電波法の目的を達成するため，数々の義務が課せられているが，その義務が履行されない場合に対し罰則が設けられている．

電波法上の罰則は，「懲役」，「禁錮」，「罰金」の3種類があり，その他に秩序罰としての「過料」があります（過料は刑ではありません）．

「懲役」，「禁錮」，「罰金」が科せられる場合のいくつかを**表7.2**に示します．

「過料」の例を挙げると，免許状の返納違反（電波法第24条）については30万円以下の過料（電波法第116条2）などがあります．

Column 「罰金」と「科料」と「過料」

罰金：財産を強制的に徴収するもので，その金額は10 000円以上です．刑事罰で前科になります．駐車違反などで徴収される反則金は罰金ではありません．

科料：財産を強制的に徴収するもので，その金額は1 000円以上，10 000円未満です．罰金同様，刑事罰で前科になります．軽犯罪法違反など，軽い罪について科料の定めがあります．

過料：行政上の金銭的な制裁で刑罰ではありません．「タバコのポイ捨て禁止条例」などに違反したような場合に過料が課されることがあります．

■表 7.2　罰則の具体例

根拠条文	罰則に該当する行為	刑　罰
電波法 第 105 条	・無線通信の業務に従事する者が遭難通信の取扱いをしなかったとき，又はこれを遅延させたとき（遭難通信の取扱いを妨害した者も同様）	1 年以上の有期懲役
電波法 第 106 条	・自己若しくは他人に利益を与え，又は他人に損害を加える目的で，無線設備又は高周波利用設備の通信設備によって虚偽の通信を発した者	3 年以下の懲役又は 150 万円以下の罰金
	・船舶遭難又は航空機遭難の事実がないのに，無線設備によって遭難通信を発した者	3 月以上 10 年以下の懲役
電波法 第 107 条	・無線設備又は高周波利用設備の通信設備によって日本国憲法又はその下に成立した政府を暴力で破壊することを主張する通信を発した者	5 年以下の懲役又は禁固
電波法 第 108 条	・無線設備又は高周波利用設備の通信設備によってわいせつな通信を発した者	2 年以下の懲役又は 100 万円以下の罰金
電波法 第 109 条	・無線局の取扱い中に係る無線通信の秘密を漏らし，又は窃用した者	1 年以下の懲役又は 50 万円以下の罰金
	・無線通信の業務に従事する者がその業務に関し知り得た前項の秘密を漏らし，又は窃用したとき	2 年以下の懲役又は 100 万円以下の罰金
電波法 第 109 条の 2	・暗号通信を傍受した者又は暗号通信を媒介する者であって当該暗号通信を受信したものが，当該**暗号通信の秘密を漏らし，又は窃用する目的で，その内容を復元したとき**	1 年以下の懲役又は 50 万円以下の罰金
	・無線通信の業務に従事する者が，前項の罪を犯したとき（その業務に関し暗号通信を傍受し，又は受信した場合に限る.）	2 年以下の懲役又は 100 万円以下の罰金
電波法 第 110 条	・免許又は登録がないのに，無線局を開設した者	1 年以下の懲役又は 100 万円以下の罰金
	・免許状の記載事項違反	

問題 19 ★ ➡7.6

次の記述は，暗号通信に係る罰則について，電波法（第 109 条の 2）の規定に沿って述べたものである．[ ]内に入れるべき適切な字句の正しい組合せを下の 1 から 4 までのうちから一つ選べ．

① 暗号通信を傍受した者又は暗号通信を媒介する者であって当該暗号通信を受信したものが，[A]ときは，1 年以下の懲役又は 50 万円以下の罰金に処する．

② [B]が①の罪を犯したとき（その業務に関し暗号通信を傍受し，又は受信した場合に限る．）は，2 年以下の懲役又は 100 万円以下の罰金に処する．

③ ①及び②において「暗号通信」とは，通信の当事者（当該通信を媒介する者であって，その内容を復する権限を有する者を含む．）以外の者がその内容を復元できないようにするための措置が行われた無線通信をいう．

④ ①及び②の未遂罪は，罰する．

⑤ ①，②及び④の罪は，刑法第 4 条の 2（条約による国外犯）の例に従う．

	A	B
1	当該暗号通信の秘密を窃用する目的で，その内容を復元した	無線従事者
2	当該暗号通信の秘密を漏らし，又は窃用する目的で，その内容を復元した	無線通信の業務に従事する者
3	当該暗号通信の秘密を漏らし，又はその内容を復元した	無線通信の業務に従事する者
4	当該暗号通信の内容を復元した	無線従事者

答え▶▶▶ 2

参考文献

（1） 情報通信振興会 編：学習用電波法令集（令和3年版），情報通信振興会（2021）
（2） 総務省ホームページ（所管法令）
（3） 今泉至明：電波法要説，情報通信振興会（2020）
（4） 安達啓一：電波法大綱，情報通信振興会（2012）
（5） 吉川忠久：1・2陸技受験教室4　電波法規 第3版，東京電機大学出版局（2019）
（6） 情報通信振興会 編：一陸技無線従事者国家試験問題解答集（平成29年7月→令和3年1月），情報通信振興会（2021）
（7） 倉持内武，吉村和昭，安居院猛：身近な例で学ぶ　電波・光・周波数，p. 152，森北出版（2009）
（8） 吉村和昭，倉持内武，安居院猛：図解入門　よくわかる最新　電波と周波数の基本と仕組み，p. 106，秀和システム（2004）
（9） Tony Jones，松浦俊輔 訳：原子時間を計る，青土社（2001）
（10） 吉村和幸，古賀保喜，大浦宣徳：周波数と時間，pp. 166-167，電子情報通信学会（1989）
（11） 吉村和昭：GMDSSと無線従事者制度，桐蔭論叢，No. 20，pp. 89-97，桐蔭横浜大学（2009）
（12） 吉村和昭：無線局と無線従事者，情報通信振興会（2017）

索引

タ　行

ハ　行

〈著者略歴〉
吉村和昭（よしむら　かずあき）
学　歴　東京商船大学大学院博士後期課程修了
　　　　博士（工学）
職　歴　東京工業高等専門学校
　　　　桐蔭学園工業高等専門学校
　　　　桐蔭横浜大学電子情報工学科
　　　　芝浦工業大学工学部電子工学科（非常勤）
　　　　国士舘大学理工学部電子情報学系（非常勤）
　　　　第一級陸上無線技術士，第一級総合無線通信士

〈主な著書〉
「やさしく学ぶ　第一級陸上特殊無線技士試験（改訂２版）」
「やさしく学ぶ　第二級陸上特殊無線技士試験（改訂２版）」
「やさしく学ぶ　第三級陸上特殊無線技士試験」
「やさしく学ぶ　航空無線通信士試験（改訂２版）」
「やさしく学ぶ　航空特殊無線技士試験」
「やさしく学ぶ　第三級海上無線通信士試験」
「やさしく学ぶ　第二級海上特殊無線技士試験」　以上オーム社

第一級陸上無線技術士試験
やさしく学ぶ　法規（改訂３版）

2013 年 10 月 20 日　第１版第１刷発行
2017 年 8 月 25 日　改訂２版第１刷発行
2022 年 5 月 20 日　改訂３版第１刷発行
2023 年 5 月 25 日　改訂３版第２刷発行

著　者　吉村和昭
発行者　村上和夫
発行所　株式会社 オーム社
　　　　郵便番号　101-8460
　　　　東京都千代田区神田錦町 3-1
　　　　電話　03(3233)0641(代表)
　　　　URL　https://www.ohmsha.co.jp/

組版　新生社　　印刷・製本　平河工業社
ISBN978-4-274-22853-7　Printed in Japan

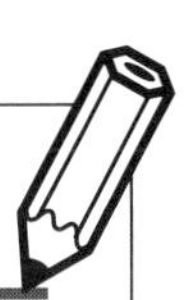

マンガでわかる
物理［光・音・波編］
- 新田 英雄 著
- 深森 あき 作画
- トレンド・プロ 制作
- B5 変判／ 240 頁
- 定価（本体 2000 円【税別】）

マンガでわかる
電気数学
- 田中賢一 著
- 松下マイ 作画
- オフィス sawa 制作
- B5 変判／ 268 頁
- 定価（本体 2200 円【税別】）

マンガでわかる
電 気
- 藤瀧和弘 著
- マツダ 作画
- トレンド・プロ 制作
- B5 変判／ 224 頁
- 定価（本体 1900 円【税別】）

定価は変更される場合があります